U0233219

The Akasha
Revolution
in Science and Human
Consciousness

THE SELF-ACTUALIZING
COSMOS

欧文·拉兹洛

——两度提名——
诺贝尔和平奖

Ervin Laszlo

科学新范式缔造者

从音乐神童到全球一流思想家与科学家

19 32 年的匈牙利还处在铁幕的封锁下，人员与信息的流通都存在很大困难。就在这一年，欧文·拉兹洛出生了。

拉兹洛从小就在音乐上表现出了极高的天赋，5 岁时便开始学习弹钢琴，这得益于他的母亲是一位技艺高超的钢琴教师。在母亲的谆谆善诱与精心培养下，年仅 9 岁的他，便登台担任布达佩斯交响乐团的钢琴独奏。拉兹洛开始声名鹊起，很快就成了匈牙利乃至全欧洲闻名的音乐神童。14 岁时，他获得举世闻名的李斯特音乐学院硕士学位。15 岁时，便在日内瓦国际钢琴比赛中夺得了第二名的好成绩。之后，拉兹洛被允许越过铁幕在国际音乐会上进行演奏，他先是在欧洲演出，随后又到美国各地巡演，并在时任佛罗里达州参议员克劳德·佩珀 (Claude Pepper) 的请求下，在 21 岁生日之前，受奖成为美国公民。27 岁时，转向哲学研究领域。1970 年，获得索邦大学的最高学位——人文科学博士，之后出任纽约州立大学哲学教授。40 多岁时，他成为全球一流科学家与思想家，曾在耶鲁大学、普林斯顿大学等著名高校做过演讲，是多家科学机构如国际科学院、国际美第奇学院等的成员。

拉兹洛一生获得了各种各样的荣誉和奖励。2001 年，他获得日本五井和平奖，2004 年和 2005 年两度被提名诺贝尔和平奖。2006 年，获得阿西西－曼迪尔和平奖。2010 年，当选为匈牙利科学院院士。

用阿卡莎范式颠覆
人类思维方式的哲学大师

The Akasha Revolution
in Science and Human Consciousness

Ervin Laszlo

20世纪90年代，拉兹洛在担任布鲁诺大学校长的同时，还兼任美国普林斯顿大学欧文·拉兹洛高级研究中心的主席。在研究中，他发现了一种新的科学范式——"阿卡莎范式"，此范式建立在最新的科学观察和发现的基础上，对宇宙、生命、意识、自由等进行了深入的探讨。

拉兹洛认为，人口增长、资源消耗和环境破坏等全球问题已经危及全人类的幸福，如果人类不建立提倡全球有效合作的"星球文化"，那么后果将严重到不可收拾的地步。

不过，阿卡莎范式可以带给全人类一条出路，可以帮助人类认识世界万物在深层次上以及在最根本的宇宙维度上的相干性，从而认识到世界的真实本质，以促使每个人承担起对他人与大自然的责任。

The Akasha
Revolution in Science and
Human Consciousness

全球智囊团
布达佩斯俱乐部创始人

在纽约州立大学担任哲学教授的时候，拉兹洛遇到了系统论创始人贝塔朗菲。在后者的影响下，他撰写并出版了享誉世界的《系统哲学引论》，建立了自己的理论框架。之后，拉兹洛被遴选为催生"全球问题研究"新学问的罗马俱乐部的成员，致力于利用系统科学和系统哲学研究全球问题。

1986 年，联合国教科文组织总干事 F. 马约尔、诺贝尔化学奖获得者 I. 普利高津、诺贝尔医学奖获得者 J. 索尔克支持拉兹洛成立了广义进化研究小组。小组聚集了一大批前沿学者，旨在从进化的整体图谱中发现解决全球问题的方法。

1996 年，拉兹洛得到了匈牙利总统和政府的支持，在罗马俱乐部建制与活动原则的基础上，成立了布达佩斯俱乐部。在这个团队中，不仅有来自科学界的科学家，有文艺界的著名人士，还有来自宗教界的知名人士。他们旨在提高全人类的全球意识，颠覆全人类的集体意识，保护生态环境，缓解全球性生态灾难。目前，该俱乐部已经在许多国家建立了分部。

20 世纪 70 年代末和 80 年代初，拉兹洛应联合国秘书长之邀，主持联合国训练研究所（UNITAR）的全球规划。他还被评为致力于拯救地球的六位科学家之一。

作者演讲洽谈，请联系
speech@cheerspublishing.com

更多相关资讯，请关注

湛庐文化微信订阅号

湛庐文化
Cheers Publishing
a mindstyle business 与思想有关

特别制作

自我实现的宇宙

科学与人类意识的阿卡莎革命

[匈] 欧文·拉兹洛（Ervin Laszlo）◎著　杨富斌◎译

THE
SELF-ACTUALIZING
COSMOS

浙江人民出版社
ZHEJIANG PEOPLE'S PUBLISHING HOUSE

推荐序

阿卡莎，科学与灵学的桥梁

中国社会科学院哲学所研究员　闵家胤

本书作者欧文·拉兹洛，作为国际系统科学 - 系统哲学的领军人物之一，四十年如一日不停地紧张研究超宇宙全息场，这令我们十分钦佩。他这方面的工作值得中国科学界和学术界高度重视——这是真正的前沿、真正的生长点。习近平总书记号召科技界："创新，创新，再创新！"从哪里开始呢？首先站到这个前沿和生长点上来吧！

中国系统科学界和哲学界，对拉兹洛这方面的工作其实并不陌生。我们甚至还可以说，这是他四十年不断推进自己的研究工作的见证。

1988 年拉兹洛第一次应邀来华访问，在中国社科院哲学所做的学术报告的题目就是《当代科学的新形而上学》(《哲学研究》，1988-8)，提出"场是宇宙的本原"，"是最初的，也是最终的"，这是一个全新的形而上学命题。1989 年他第二次来访，在我们为他举办的研讨班上主讲"世界系统面临的分叉和对策"，另交给我们一部打印的手稿，由我组织编译，出版了一本书《全息隐能量场和新宇宙观》（陕西科技出版社，1992），这本书是对他观点的第一次全面介绍。在这次学术访问期间，我还陪他到清华大学做学术报告，向该校搞理论物理的教师、研究生和本科生介绍他对宇宙实在的新观点。这个观点可能是太新和太惊人了，以至于有研究生问他："你真信你讲的这一套吗？"拉兹洛回答说："我要不信的话，就不会花七八年的时间进行研究了。"

进入 21 世纪之后，我组织翻译出版了"广义进化研究丛书"。拉兹洛寄来他刚出版的新书，其中译本被纳入这套丛书，这就是《微漪之塘：宇宙进化的新图景》（社会科学文献出版社，2001）。他的理论已经发展得相当完备，成了一本资料丰富和逻辑严密的 376 页的大书。译者钱兆华与我合作完成了一篇论文《通讯真空及其哲学意蕴》，发表在《哲学研究》2005 年第 2 期上；我又独自写了一篇文章《Ψ 场（道场）研究的哲学意义》，发表在《自然辩证法研究》2004 年第 9 期上。这期间，拉兹洛的书在中国产生了很大影响，有大约 10 个科研院所或大学物理系请我去做交流。

值得一提的是，当时拉兹洛把他提出的具有全息记忆的"宇宙量子真空零点能场"命名为"Ψ 场"。他解释："由 Ψ 场完善的物理宇宙满足薛定谔的量子态 Ψ 态方程，与时空的几何结构满足爱因斯坦的引力常数以及电磁场满足麦克斯韦的方程非常相似"、"通过把多维波函数通告给实体，Ψ 场可以在所有尺度层次上和复杂性水平上成为非局域关联和相干性的媒介"。[1]

---

[1] 《微漪之塘：宇宙进化的新图景》，第 222 页，共 376 页，欧文·拉兹洛著，钱兆华译，社会科学文献出版社，北京，2001 年。

我知道，拉兹洛熟读英文版《道德经》。老子称"道"为"天下之母"、"万物之始"，描述"道之为物，惟恍惟惚。惚兮恍兮，其中有象；恍兮惚兮，其中有物；窈兮冥兮，其中有精；其精甚真，其中有信"。据此我认为，拉兹洛讲的"宇宙中的第五种场"应当叫"道场"；这一理论若获得实证，应当是继古希腊哲学家德谟克利特的原子论获得实证之后，代表古代中国智慧的老子的道论亦获得实证。我曾将这个观点用英文表述寄给拉兹洛。遗憾的是，看来他没有采纳我的建议。以后这 10 年，根据印度古代哲学，他越来越坚定地把这种场命名为"阿卡莎场"。不过，我想不要紧，如果有志气、有能力的中国科学家能首先实证这种场——像观测到红移、3k 背景辐射和 25% 氦丰度实证大爆炸宇宙学那样的实证，那么我们就有命名的话语权了。

当然，在此之前，我们理应虚心学一学拉兹洛这么命名的依据。拉兹洛在本书中写到，在其经典著作《王侯瑜伽》中，维夫卡南达（Swami Vivekananda）于 1982 年对阿卡莎（Akasha）[①] 做了如下说明：

> 它是无处不在、融于万物之中的存在。凡有形之物，凡是结合而成的事物，都是由这种阿卡莎演化而成的。正是阿卡莎生成为空气，生成为液体，生成为固体；正是阿卡莎生成为太阳、土地、月亮、恒星和彗星；正是阿卡莎生成了人体、动物躯体、植物以及我们所能看见的一切形式、所能感觉到的万物、世上存在的万物。它不能被感知；它非常的精致微妙，超越了所有日常知觉；只有在它生成为某物、成为了某种形式之后，它才能被看见。在创造过程之初，只有这种阿卡

---

① Akasha，即梵文中的"阿迦奢"，为印度哲学五大元素之一。在物理领域中现在一般翻译为"阿卡莎"。——编者注

莎存在。在这个循环的终点，固体、液体和空气全都归于阿卡莎，而下一个轮回同样始于这种阿卡莎（《王侯瑜伽》，33）。同样的概念存在于《奥义书》中。所有存在产生于空间之中，并轮回到空间之中：空间实际上是它们的起点，也是它们的终点（《歌者奥义书》，I.9.1）。

那么，同《微漪之塘》相比，拉兹洛这本新书有什么新的推进呢？

首先，作者明确他奉为圭臬的是爱因斯坦对科学的定义：科学是人类寻求能把观察事实联系在一起的、最简单一致的思想体系的努力。作者明确他采用的方法是库恩提出的"科学革命的结构"——科学 - 范式 - 反常 - 新范式 - 新科学。作者列举 20 世纪科学革命诞生的相对论 - 量子力学 - 生物遗传基因 - 大爆炸宇宙学范式解释不了的大量观察事实，然后提出阿卡莎宇宙新范式可以对所有反常事实做圆通的解释。阿卡莎宇宙是多元宇宙、平行宇宙、连续循环宇宙。一个宇宙的物理特征影响着下一个宇宙的物理特征。我们的宇宙是巨大的多元宇宙中的一个循环。它通过两个维度的相互作用实现自身：不可观察的深层维度是阿卡莎，简称为"A 维"；而可观察的表层维度则是显世界，简称为"M 维"。"A 维"与"M 维"之间始终有量子层级上的非定域性信息传输。我们人脑是双向接收器：它通过感官接收来自 M 维的外部信息，通过量子层级网络接收来自 A 维的内部信息。这种来自阿卡莎之维的潜信息是直觉、预感、创新观念和顿悟之源。如他说过的，莫扎特寿命只有 35 岁，而其主要作品有 63 首交响曲、16 首嬉游曲、13 首小夜曲、15 首进行曲、105首小步舞曲、172 首舞曲、27 首钢琴协奏曲、5 首小提琴协奏曲、23 首弦乐四重奏、4 首管乐弦乐重奏曲、9 首钢琴重奏曲、43 首小提琴奏鸣曲、23 首钢琴奏鸣曲、15 部歌剧、4 部清唱剧、4 首康塔塔、50 首宗教合唱曲、18 首重唱歌曲、55 首独唱和管弦乐队曲、32 首歌曲，总计 653 部音乐作品。对这种与寒武纪物种大爆发相似的音乐天才爆发，我们不得不承认其作品是天籁之音，并猜测他的 M 维大脑神经系统与多元宇宙 A 维阿卡莎场有量子层级上的非定域性信息传输。其实，可能我们每个人天生就有这种与 A 维阿卡莎场通讯的能力，不过大多数人的这种能力都早早地被不良生活条件、劣质教育和社会专制高压摧毁或幽闭了。

正如哲学家肯·威尔伯（Ken Wilber）在本书中所说："拉兹洛是一位极为罕见之人，他既精通科学，又精通精神和灵学领域。"因此在本书中，他一方面援引《微漪之塘》出版之后这十几年的科学新发现，如证实"上帝粒子"希格斯玻色子的存在（2012）、全息时空理论（2013）、膨扩体理论（2013）、大脑微管网络信息处理理论（2006）等，推进他的新宇宙观的实证；另一方面，又明确提出"阿卡莎实际是一种智能。在灵学背景下，我们可称之为世界的意识或智能，而在科学语境中，我们最好视之为世界的逻辑或'程序'"的观点。"在今天的世界上，科学与灵学是截然不同的立场，甚至是对立的立场。如果你是相信灵学的，就不可能是科学的；如果你相信科学，就很有可能不是灵学的。但是，这种新范式克服了这种严重的分裂。你可以两者都是"、"科学越是变得成熟，就越是精神性的或灵学性的；而灵学越是变得成熟，就越是科学性的"。

对拉兹洛的这一惊人思想，我想补充说明几句。2000 年，我到英国牛津大学做访问学者。它最大的黑泉书店（Blackwell）面积有 3 个三联韬奋书屋那么大，在里面我发现，自然科学书大约占 10 个大书架，哲学书也占 10 个，宗教书占 10 个，灵学书也占 10 个大书架！我大吃一惊，因为在北京的书店里，灵学书可是一本也没有的呀！中国是无神论国度，信奉物质一元论，哪容灵学有地盘！为此我要说，在 18 世纪的欧洲，物质主义（Materialism）是对抗神创论的先进的宇宙观，曾推动了科学的发展。现在，300 多年过去了，科学早已推翻了把物质看作过去、现在和将来亘古不变的唯一实存的观点。我曾经问过荷兰最高学府莱顿大学哲学系主任 C.A. 冯·皮尔森："你们欧洲哲学家现在对物质主义怎么看？"他回答："那是文化程度低的人相信的一种通俗哲学。"因此，中国普通老百姓信奉物质主义宇宙观尚情有可原，倘若中国的科学家和学者还在死守着这种早就过时的哲学观点，而他们又一心想作出有可能获得诺贝尔科学奖的创新成果，那就真是南辕北辙了。

此外，我还想对"终结论者"说几句话。欧美学界不乏糊涂人，终结论者应属此列。有的说"历史终结和最后之人"，有的说"哲学终结了，只剩下实证科学"，有的说"形而上学终结了"、"本体论终结了"，还有的说"只剩辩证法和形式逻辑了"，不一而足。我请这些终结论者正视这样一个事实：在 20 世纪末，全球科学家形成了一个共识，人类能够观察到的显宇宙——不管是多少亿万个星系，其实只占宇宙总质量的 4%，而我们观察不到的隐宇宙，23% 是暗物质，73% 是隐能量。现实的情况是，人类连 4% 的物质宇宙还远远没有搞清楚，其余 96% 的非物质宇宙是怎么回事，它与物质宇宙的关系怎样，我们几乎还一无所知。而本书作者拉兹洛 40 年来一直紧跟并综合科学家们的前沿探索成果，提出新宇宙观、新假说，有什么可大惊小怪的呢？形而下学远未终结，形而上学怎会终结呢？

最后，我要感谢湛庐文化公司在法兰克福书展上买下本书中文简体版版权，感谢布达佩斯俱乐部中国分部副主席协助组织翻译出版事宜，感谢北京第二外国语大学法政学院院长杨富斌教授在百忙之中承担起本书翻译任务，感谢湛庐文化公司编辑付出的辛勤劳动。

中文版序

自然、人、世界的和谐统一

我对中国人民和中国文化倍感亲切。一些著名的精神领袖告诉我，我以往的事业生涯，在中国乃是一位教师，我以前的生活方式还具有中国社会古典时期的特质。

毫无疑问，在迄今依然充满活力的中国传统文化中，其最基本的要素启迪了我的世界观。这些要素源于在自然界和人类社会中对和谐的追寻，而这种追寻给中国文化打上了标志性的烙印。我对和谐的追寻引导我在孩童时期把音乐作为职业——毕竟音乐表达了我们在世界上所能创造和感知到的最高和谐。当我把自己的毕生使命从音乐转向科学和哲学时，追寻和谐这一理念仍然激励着我的研究和写作。在"系统"与"演化"这两个概念中，我表达了这样的观念：宇宙万物都是复杂而具有相干性的存在，即"系统"——万物不断演化，以形成愈发包罗万象与和谐的系统。

我很高兴把我最新的著作奉献给中国读者，因为这部著作概述了我在半个多世纪里思考、研究和写作所作出的结论。我深信，自然界的和谐与人类社会的和谐皆源于宇宙深层领域中所存在的信息，古人称之为"道"、"阿卡莎"或充满不可见之物的虚空。当代物理学家把这个领域称为"统一场"或者"大统一场"，这个场并不在于时空之中，而是先于时空而存在——这个场创造了物理学家称之为"时空"的多维基质。

我敢肯定，这一概念——这种有关道、阿卡莎和宇宙空间的概念乃是万物之母，将会在中国读者的心灵中激起他们在自己的全部生命体验中所熟知的感受。我所说的"阿卡莎范式"并不是某种新发现，而是对古人洞见的重新发现。这种洞见在今天如同以往一样，既是至关重要的，也是鼓舞人心的。阅读本书对中国读者来说并非是要"学习如何体验"，而是像心理学家所说，"对经验表示惊奇"，即自发地领悟到"没错，我知道它，而且对它总是了然于心，现在我能比以前更清晰地理解它，比以前更加确信它的存在"。

在过去 20 多年间，当我在中国许多大学里做演讲时，我在学生中邂逅过这种"对经验的惊奇"。同时，不仅在中国学术界，而且在各行各业的中国人中，我也遇到过这种"对经验的惊奇"。在中国，我一直在寻求与大学生、哲学家和科学家的对话，同时也在寻求与政治领导人和商业领导人的对话，因为我们在共同追寻自然界和人类社会的和谐。我充分相信，我们能给对方提供重要的洞见，这一方面源于中国文化 5 000 年的传统，另一方面，这源于量子论、宇宙论物理学、生命科学与社会科学前沿研究中如今逐渐显露出来的各种洞见。

新范式，一场颠覆世界观的科学革命

科学在今天正在发生一场大革命，这是一场意义深远而又令人着迷的深刻变革。这场变革将会改变我们的世界观，并改变我们关于这个世界上的生命与意识的概念。这场革命的到来恰逢其时。

众所周知，我们所创造的世界是不稳定的：我们需要新的思考方式来避免已有体系的崩溃，并把我们推向建设可持续的和蒸蒸日上的社会的方向，这是一项伟大的事业。激发这种新思维的灵感可以来自科学，但是又并非或并非仅仅来自把科学当作各种新技术的源泉。相反，我们需要把科学视为定向和引领之源，视为重新发现我们彼此之间以及我们和宇宙之间关系的可信观念之源。目前，科学中正在发生的这场革命所提供的范式恰好能满足这一需要。

科学中的范式有时是心照不宣的，但是，这种范式却永远是科学家认识世界包括他们所研究的对象和过程的有效的方法论基础。这种新范式是科学中的重要创新：它允许科学家把科学知识中突现的各种要素综合起来，进而把握隐藏在这些复杂而零散的数据、理论和应用之中的整体性意义。

这种新范式所具有的意义和旨趣已经远远地超越了科学。它可以提供关于生命和宇宙的整体性和综合性的观点，把这些远景从思辨领域提升到仔细观察和严格推理的领域。虽然这种范式建立在复杂的理论和范围广阔的观察之上，但是其基础却是异常简单的，并具有其本身内在固有的意义。

摆在读者面前的这部著作，其目的就是用语言来传达这种突现范式的各种基本原理。它以另一种方式来阐述爱因斯坦的思想。我尽可能用简洁明快的语言来阐述，我只"追求尽可能"简洁，而不追求"越简洁越好"。本书概要性地阐述了科学中新范式的基本原理，并把它们应用于增强我们对宇宙和意识的理解上。因此，它致力于探讨这样一种人文关怀：我们如何认识世界；

扫码关注"庐客汇"，回复"自我实现的宇宙"，洞悉人类感知世界的奥秘。

我们如何能运用这些从认识世界过程中所获得的信息来维持我们的健康；我们欣赏和向往世界上的何种自由和哪一种层次上的自由；以及最后，我们如何奋斗才能获得哲学家们称之为"善"的最高价值？

40余年来，我一直致力于探讨和阐述科学中正在出现的这种新范式，希望这些研究，即我最新的努力探索所结出的成熟果实，不负我的朋友及读者们的期望。我希望这种研究最终会被实践证明是探究和阐述科学中正在出现的新范式的有效体系，以便人们对下列问题能有更好的理解："我们是谁"、"世界是什么"和"我们在人类历史这一决定性时代的使命是什么"。

THE
SELF-ACTUALIZING
COSMOS

目 录

第一部分
科学，创新范式之源

你不是一个人在读书！
扫码进入湛庐"趋势与科技"读者群，
与小伙伴"同读共进"！

THE SELF-ACTUALIZING COSMOS

导读

一种新的格式塔

当今科学革命时期，从错综复杂的观察、探究和争论之中涌现出的这种范式，并非标新立异，而是一种史无前例的创新。这种新范式牢固地建立在科学和科学家们对实在本性的已有知识之上，它承认已经积累起来的科学知识宝库的有效性。然而，这种新范式以某种方式把科学知识的各种要素整合了起来，并且这种方式要比依照迄今仍然有重要影响的旧范式可能作出的更条理分明、自洽和有意义。它提供了一种新的格式塔，一种把零散的科学知识组织起来的新方法，这种新方法以最佳的简洁性和自洽性把它们联系起来。并且，在这样做的同时，这种方法一定程度上还带有科学家和哲学家们在其理论中一直孜孜以求的优雅。

本书第一部分将阐述这种新范式的概念基础，这是在具体探究之前需要弄清楚的问题。在随后各部分中，则分别论述这种新范式对我们关于世界的认知以及我们在世界上的思维和行动有哪些意义与启示。

01

科学体系大重构

THE SELF-ACTUALIZING
COSMOS

科学并非技术,它乃是理解。在自然科学中,一些意料之外的,并且对占支配地位的范式来说极为反常的观察结果已初露端倪。它们需要一种根本的范式转换:一场根本性的革命,这场革命能重新解释科学关于宇宙、生命和意识的本质的最基本假定。

爱因斯坦说过:"我们致力于寻求的是能把已观测到的事实联系在一起的、有可能最简单的思想体系。"这一说法概括了科学的要义:科学并非技术,它乃是理解。当我们对世界的理解与世界的本质相一致时,我们对世界的发现就会越来越多,与世界打交道的能力也会变得越来越强。因此,理解是根本的。

真正的科学所寻求的是一种有关理解的体系,它能传递关于世界以及生活于其中的我们的综合性的、一致的和恰如其分的简洁理解。这种体系不可能一劳永逸地建立,它需要周期性的更新。已观测到的事实会随着时间而增多,因而会变得更加复杂多样。若试图以某种简单而综合的体系把这些观察事实整合起来,就要求我们不断地修正这种体系。偶尔,我们还需要重构这个体系。

近些年来,对这些已观测到事实的储备已增长了许多,而且它们变得极为复杂多样。我们需要一种新的体系、一种更为恰当的范式。用托马斯·库恩的话说,这意味着一场新的科学革命。在其富有创造性的代表作《科学革命的结构》中,库恩指出,科学通过两个极为不同的阶段的相互交替而发展。其中一个阶段是相对持久的"常规科学"阶段，另一个阶段是"科学革命"阶段。常规科学阶段通常是停滞不前的，只有少量的创新。它把观察事实束缚在既定的和间接有效的体系内，并且如果它遇到的观察事实与这个体系不相符合，就会扩大和调整这个体系。

然而，这并非永远是可能的。如果不放弃这种尝试，那么这种既定体系的复杂性就会变得无法处理，人们对之难以理解，正如托勒密天文学通过不断地给其基本的周期增加本轮，以说明行星的"反常"运行时一样。当批判点为科学的进步所超越时，即旧有框架要被代替之时，新的范式就会有一种需求，这就是希望能给各种理论提供根据，并能解释它们所谓的观察事实。常规科学的这种相对静止的阶段最终会完结，并让位于标志着科学革命阶段的动荡时期。

在自然科学中，这种动荡的革命时期已经开始。一些意料之外的，并且对占支配地位的范式来说极为反常的观察结果已初露端倪。它们需要一种根本的范式转换：一场根本性的革命，这场革命能重新解释科学关于宇宙、生命和意识的本质的最基本假定。

一系列极为反常的观察结果可以追溯到 20 世纪 80 年代早期的实验结果。法国物理学家阿兰·阿斯佩克特（Alain Aspect）与其合作者于 1982 曾经在报告中对于根据严格控制条件所进行的实验做了说明。这个实验验证了：当两个粒子被分离且各自被投射到有限距离时，它们之间虽有分开的空间，却仍然保持着准瞬间的联系。这与相对论的基本原理相矛盾：根据爱因斯坦的理论，光速是任何事物或信号能在宇宙间传播的最高速度。

人们重复做了阿斯佩克特的实验，但实验总是导向同样的结果。科学共同体对此感到困惑不解，但是，最终科学家们以它们没有更深的意义为由，否定了这一现象违背相对论。物理学家说，这些被分开的粒子之间的"纠缠"是奇异的，然而这并未传递出关于任何事物的信息或"行为"。可是，这也给随后的实验提出了问题。结果表明，粒子的量子态，甚至整个原子的量子态，都可以超越任何有限的距离而在瞬间投射。人们逐渐认识到这是一种"瞬间移动"。人们发现，瞬时的、量子共振机制的相互作用也存在于生命系统之中，甚至也存在于整个宇宙之中。

一种相关的反常事实在复杂系统中存在的相干性层次和形式也逐渐地显露出来。人们观察到的相干性表明，系统的各部分或各要素之间存在着瞬间相互作用，这种相互作用超越了人们已经认识到的时空界限。在量子领域，近来人们已经观察到，这种纠缠——量子（可以确认的最小"物质"单位）之间在任何有限距离的瞬间联系，不仅是超空间的，而且是超时间的。人们认识到，在任何一个时刻已经占据了同样量子态的量子之间依然保持着瞬时联系；它此时表现为，从来没有在同一时间共存过的量子（作为这些粒子之一在另一粒子成为存在之前不会存在）也会保持瞬间的纠缠状态。

这种纠缠并不限于量子领域,它也会表现在宏观层次。缺乏这种纠缠,生命便无法存在。例如,在人体中,亿万细胞需要充分精确地相互关联,以便使这个有机体在生理上保持着难以置信的生命状态。这便需要整个有机体具有准瞬间的多维联系。

然而,另一种发现却是当前流行的范式所无法解释的,即有机分子是在恒星级层次上产生的。人们一直认为,宇宙是一个这样的物理系统:生命在其中即使不是反常的,至少也是罕见的和非常偶然的现象。毕竟,生命系统只有在极为特殊的时空条件下才能演化。然而,事实证明,生命以之为基础的有机分子在恒星的物理化学演化中就已经产生了。这些分子被喷射到周围空间,它们覆盖着众多小行星和一团一团的星际物质,包括那些后来浓缩成恒星和行星的物质团块。看来,那些支配着宇宙的存在和演化的规律,精巧地转化为了能产生那种我们把它们与生命现象联系起来的复杂系统。

THE SELF-ACTUALIZING **阿卡莎世界**
COSMOS

生命以之为基础的有机分子在恒星的物理化学演化中就已经产生了。

这一类观察结果不可能通过修补那种目前的主流范式来解释:这类观察结果挑战的是科学家一直试图用来把观察事实整合起来的那个基本体系的基础。这种情形也正是 20 世纪之交的情形,那时科学共同体正在从牛顿的范式转化为相对论的范式。这也是 20 世纪 20 年代的情形,那时人们转向了量子范式。从那时起,更多有限的范式转换在许多具体领域中展现出来,在心理学中突现了超越个人的理论,在宇宙学中出现了非大爆炸的"多元宇宙"模型。

在 21 世纪第二个 10 年里科学中即将突现的这种范式，标志着科学的世界观发生了重大转换。这个转换就是从 20 世纪占主流地位的范式，即事件和相互作用被认为发生在时空之中，并且是定域的和可分的，转变为 21 世纪的范式，即认为四维时空之外存在着额外维度。我们在简单世界中所观测到的联系性、相干性与共同演化，实际上可以在额外维度框架下的新理论中得以解释。

02

从碎片化世界到
整体性世界

THE SELF-ACTUALIZING
COSMOS

20世纪早期，科学中存在四大经典场：长距引力场、电磁场、短距强核场与弱核场。自20世纪中叶以来，这些"经典的"场被量子场论所预设的各种非经典的场连接起来了。然而，它们所预设的场对于在超小尺度的量子层级所能观察到的、如今在宏观尺度也能观察到的非定域性，并未提供恰当的说明。于是，科学所了解的场论中似乎便需要增加更深层次的东西。

当联系、相干性和共同进化是这个世界的基本特征时，这个世界就不可能是支离破碎的碎片化世界，而是一个整体性的世界。在这个世界上，非定域性不是基本的要素：那些出现在某个地点和时间的事物也会出现在其他地点和时间——在某种意义上，它们会出现在所有地点和时间。

世界的非定域性是根据当前的观察结果所做的推论，但是，根据目前仍然作为这些观察结果之基础的 20 世纪的范式，这种非定域性是无法得到说明的。因此，我们迫切需要有一种新范式来说明这种非定域性乃是一种基本特征——世界的这种范式内在地是非定域性的。而这样一种新范式如今正在科学探究的前沿逐渐出现。它以对各部分在整体内如何相互作用的新理解为基础；最终以我们对作为量子的和作为量子的协同作用之结果的宏观实体这样一些组成部分，如何在我们称之为"宇宙"的这种最大整体中相互作用的理解为基础。能够传递这种理解的科学意义和合法性的基本概念就是场。

场，牵一发而动全身的网

场是物理世界的真实要素，虽然其本身是不可观察的。它们就像一张非常精致的渔网，但其网线是我们所看不到的。然而，这张网上任何网线的扰动都会使所有其他网线产生相应的运动。

场本身是不可见的，但是它们能产生可被观察的效果。场与现象相关联。定域场在一个特定的时空区域与事物相关联，而普遍的场则在整个时空中与事物相关联。量子和量子构成的事物通过场而相互作用，并且它们之间也有普遍的相互作用。普遍的场是整个宇宙中的相互作用的媒介，并且它们起着非定域性的媒介作用。

科学中的四大经典场

科学中预设的第一个场是为描述事物跨越空间相吸引的现象而提出的。超距作用是无法被人们接受的 —— 爱因斯坦甚至对远距离发生的事件之间不存在某种联系形式也感到很不满意，因此，他称之为"幽灵"。然而，事物确实能跨越空间而相互吸引，并且经典物理学为此提出了场的概念，即引力场。

19 世纪早期，引力场被假定为由空间中大量的点所构成，并且在特定的空间区域中作用于每一个点。后来，场的概念被加以扩展，电磁现象也被包括在内。1849 年，迈克尔·法拉第以在给定时间内由所有电荷和电流产生的电磁场取代了电荷和电流之间的直接作用。

1864 年，詹姆斯·克拉克·麦克斯韦走得更远，他提出了关于光的电磁理论。这里的电磁场（EM field）是普遍的，它可以说明任何地方所发生的电磁现象。这些被观察到的现象与普遍的电磁场中以有限的速率所传播的波有关。

到 20 世纪早期，物理学已经认识到四种普遍的场，即长距引力场、电磁场、短距强核场与弱核场。自 20 世纪中叶以来，这些"经典的"场被量子场论所预设的各种非经典的场连接起来了。

时空的描述者——量子场

量子场是复杂的存在：它们不仅描述时空之中的现象，而且描述时空本身。这些现象不是该词传统意义上的物质。自 20 世纪中叶以来，世界上已经没有任何东西在小尺度的观察之下还能被量子物理学家确认为是"物质"。过去和现在都只有处于激发态的场，它们具有表现为物质实体的激发态。

粒子和力乃是潜在的场的激发态。那些普适的力被描述为杨 - 米尔斯场，它取代了经典的电磁场。[1] 而量子反过来则被描述为所谓的"费米场"（Fermionic fields），赋予量子以质量的那些难以捉摸的粒子则构成了希格

---

[1] 杨 - 米尔斯场是以量子物理学家杨振宁和罗伯特·米尔斯命名的，他们两人提出了基本粒子的行为理论，这推进了弱力和电磁力的统一。

斯场，这是一种不可见的能量场，它存在于整个宇宙之中。归根结底，所有物理现象都是"场的激发态"，是其在时空中的振动模式。

空间本身不是场方程中的自变量，因而其不能被当作宇宙中的独立要素。正如弦论中所描述的那样，空间结构直接地依赖于那些规定经典物理学称之为质点的物质得以存在的条件。时空作为整体是由场所产生的。

根据量子理论，小尺度空间不是平的，甚至在没有质量时也不是平的：它构成了沸腾的"量子泡沫"。数学上难处理的无穷大与这种量子泡沫有关联（在一种想要描述有限宇宙的理论中存在无穷大的概念，恰恰让这种相干性消失了），而弦论的发展就是要解决这些无穷大问题。该理论通过"模糊"空间的短距属性，使量子躁动趋于平滑而使其消除。在这一背景下，宇宙的基本存在就成为振动的弦，它们表现为粒子是因为使用仪器不可能探测到所要求的尺度。（当前的技术只允许测量到 10^{-18}m，而普朗克尺度则要求弦现徊表现在 10^{-35}m 的尺度上。）如果情形正如此，那么粒子就是由我们的观察系统的局限性所产生的副现象。

弦取代了大量的粒子，而根据广义相对论，这些质量使得四维的时空模型弯曲了。（广义相对论是关于引力的几何理论，由爱因斯坦在 1916 年提出。它对引力进行了一种统一的描述，把它描述为通常叫作时空的四维矩阵的内在几何属性。）电子、μ 介子和夸克，以及整个玻色子（光和力粒子）和费米子（物质微粒）都不是粒子，而是依照时空的几何学所界定的振动形态。根据形式复杂的弦论，时空是"具有弦性的"：空间的相对点本身是超弦。真空是低振动态，是卡拉比 - 丘成桐空间中的"空洞"，这种现象在经典物理学中被视为粒子，出现在卡拉比 - 丘成桐空洞的各种界面交集之中。

虽然对理解时间和空间中的现象而言，相对论以及量子场论是高度复杂的体系，然而，它们所预设的场对于在超小尺度的量子层级所能观察到的、如今在宏观尺度也能观察到的非定域性，并未提供恰当的说明。这样一来，科学所了解的场论中似乎便需要增加更深层次的东西。我们下一步需要探究的正是这种"缺少的场"的性质。

03

相互关联的全息场

"非定域性的相互作用 – 生成"场的作用十分巨大，可信的是，对自然界中这种非定域性相互作用起作用的场就是标量波场。

正是由于被观察到的这些存在之间的吸引和排斥，以及力和光的传递，在不同研究领域出现的这种非定域性才要求承认场的作用，更具体地说，是要求承认"非定域性的相互作用 - 生成"场的作用。（当相互作用传播的速度超越时空中已知的作用传播速度极限时，就可以说这种相互作用是非定域性的。）这个场概念不可能是一种特设，也不可能是一种超科学的假设，它一定植根于科学已经掌握的关于物理实在的本性的知识之中。我们所提出的这个问题关系到该场的性质，而科学中也已经有一些理论提供了解决这一问题的令人信服的出发点。

非定域性的相互作用可能会与量子和量子系统产生的各种波的共轭有关。（当波的振动在同一频率上同步发生时就被称为共轭。）信息出现在这些波发生共轭时所产生的干涉模式的节点上。因此，量子和量子系统投射出来的波相的同步性与它们的状态相互关联，这种洞见对理解自然中的相互作用是根本性的。

问题在于，这种相位关系是不容易被观察到的。当我们考察投射波的诸系统的物理属性时，它们所投射的波仍然是模糊不清的和难以理解的；而当我们集中关注这些波时，该系统的物理属性则成为难以清晰辨认的东西了。

对一个系统的各种成分的相位所做的观察与这些成分本身之间的关系，类似于尼尔斯·玻尔所提出的互补原理。集中关注观察系统的原子结构时，通常会失去它们的波动频率的动力学；而集中关注相位动力学则会导致原子结构模糊不清。然而，如果一个系统中的非定域性是由其各种成分的波动频率的相位共轭所造成的，那么，掌握该系统的相位动力学对理解这种非定域性的起源就是必不可少的。

观察一个系统的成分与观察它的相位动力学之间的互补关系，是在有关液态氦的观察中发现的。液态氦是一种超流体，它的各种成分是完全同步同相且相干的。随后，在日常温度的宏观系统中，包括在液态水和生命组织中，人们也意外地发现了这种相干形式和层次。经典的量子力学（QM）因集中于这些系统的量子成分而不能说明这种现象，因而不能说明它们的相位动力学。量子场论（QFT）则克服了这种缺陷。在量子场论中，支配该系统成分的相位场也像这些成分本身一样是该系统的一部分：这些成分与它们的相互作用不存在任何分离。

仍然需要澄清的问题是非定域性相互作用中所包含的这些波的性质。大多数物理学家坚持认为这些波是电磁波。然而这种解释不能令人满意，因为在宏观层次和扩展的时间框架内，相互作用之中的非定域性要求有长程相位共轭。这不可能归之于电磁波，

THE SELF-ACTUALIZING
COSMOS **阿卡莎世界**

在量子场论中，支配该系统成分的相位场也像这些成分本身一样是该系统的一部分：这些成分与它们的相互作用不存在任何分离。

因为在电磁场中作用会随着距离和时间而衰减。因此，如果我们要说明过度延伸的时间框架和距离内的非定域性，那么就必须要么重新定义电磁场的属性，要么承认存在着不同的场。因为电磁论已经牢固地确立，所以探究后一种可能性更为合理。

这方面的努力是大有希望的。有一种波场既能说明微观领域中也能说明宏观领域中超过任何有限距离的非定域性的相互作用：这是一种标量波场。标量是纵波，而不是诸如电磁波一样的横波，并且它们传播的速率同它们在其中传播的介质密度成正比。它们的作用与电磁波不同，不会随着距离和时间而衰减。

假定这些属性存在，那么，可信的是，对自然界中这种非定域性相互作用起作用的场就是标量波场。由于这些波的传播速率与它们在其中传播的介质密度成正比，并且由于空间已知是超密的虚能量介质，我们可以期望这些标量以超光速的速率在空间中传播。因此，我们可以理解它们的相互作用的这种非定域性可延伸到很大的距离。

阿卡莎世界 THE SELF-ACTUALIZING COSMOS

对自然界中这种非定域性相互作用起作用的场就是标量波场。

产生非定域性的场具有的属性

我们现在考察这种已经被揭示出来的产生非定域性相互作用的场具有哪些属性。根据科学理论中建构的假说演绎法，这些属性首先可能是"被假设的"，然而它们随后必须要接受实验结果的检验。当这些属性对观察结果能提供最简单的一致性说明时，就可以认为这些属性得到了证实。

我们现在把这一原理应用于为说明能产生自然界中的非定域性相互作用而假定的场。我们把下列属性归之于这种场：

- 普适性（这种场在时空中所有点上都存在着并发挥着作用）；

- 非矢量效果（这种场通过非矢量信息可产生一定的结果）；

- 全息信息存储（该场中的信息以分散形式携带，具有存在于所有点上的信息总和）；

- 超光速的传播效应（这种场可以准瞬间地在所有的有限距离内产生结果）；

- 通过共轭相位共振产生效果（这种非定域性效果是由这种场的波与它们和其发生相互作用的系统的波共轭所造成的）。

我们假定这种具有量子和以量子为基础的系统，即原子、分子、细胞、有机体、生态系统甚至宇宙系统所在的场会发生相互作用，会在这些量子和它们的系统之内以及它们之间产生非定域性的相互作用。

这种场用来创造量子和以量子为基础的系统之间非定域性的相互作用的过程，可以描述如下：

宇宙全息场的标量波与产生于量子和以量子为基础的系统的波会发生干涉，因而所产生的相位共轭干涉会把信息从这种场转移到这些系统之中。由于这种场是普遍的并且以分散的全息图传递信息，以及该场的波是标量，能在空间中准瞬间传播，因此，信息传递就导致了整个可观察的时空区域内的量子和以量子为基础的系统之内及其之间瞬间的或准瞬间的相互作用。

04

场、物理实在与深层维度

THE SELF-ACTUALIZING
COSMOS

当代科学的整个实在性概念都处于危险之中。如果场和科学中所假定的其他存在可以被看作是实在宇宙的组成部分，那么我们就需要一种同观察事实相一致，并能对这些事实提供最简单一致的说明的实在性概念。这一概念，便是深层维度。

我们现在提出的问题与产生非定域性相互作用的场具有何种物理实在性有关。这个场是自然界中的真实要素吗？解决这一问题的首要任务乃是评价科学所了解的各种场的实在性。这些场是世界的实在要素吗？抑或它们只是为了便于理解这些实在要素而假设的理论存在物呢？

物理学与物理实在性问题

若要问我们是否可以把物理实在的原因归结于场，这就正如试图把它归之于科学中的任何其他存在一样，是科学家面临的一道难题：它可以被归于"准形而上学"问题的范畴，留待哲学家们去研究。

在整个 20 世纪，理论科学家，尤其是量子物理学家，更喜欢处理现象"怎么样"的问题，而把现象"是什么"的问题撇在一边。他们不愿意考察量子"本身"是什么，而只满足于说明它们的相互作用。根据诺贝尔奖获得者尤金·维格纳的观点，物理学家应当把各种观察结果相互联系起来，而不是要处理可观察之物。

这是量子力学早期有用的策略：它能使探索性研究有效地进行，摆脱探究与观察结果所指向的世界有关的各种理论负担。量子物理学家尼尔斯·玻尔据说曾建议他的同事废除哲学，提议他的同事们应该在实验室门上贴上一句话："正在进行工作，哲学家免进。"

但是，这种实效战略已经导致了令人烦恼的悖论。例如，在弦论中，要把观察结果相互联系起来，就要求假定时空的维度多于 4 维：数学上要求有 10 维或 11 维。弦论专家假定在宇宙创生之初有许多这样的维度，但在创造宇宙的大爆炸之后出现的暴胀阶段，只有 4 维被"阻塞"了。但是，结果证明，现存的 4 维如果不塌缩，就很难（如果不是不可能）使那些多出的维度"被压缩"。

弦论所面临的悖论还不限于维度问题，它们还关系到弦本身的实在性。除了在玻尔的量子力学哥本哈根学派内部，科学家们都认为他们的理论所指的世界独立于他们的理论而存在。这个世界必须是在实在性上可感知到的，即使它超越了关于实在的本性的常识概念的范围。

弦论面临的困难在于，它所形成的概念并非根据任何标准都具有实在性。弦和超弦都是一种振动状态，类似于音乐的音符。然而，音符是由振动的弦、乐管或共鸣板产生的，而这些东西在物理性上是实在的。相比之下，弦论的弦则以某种非实体的方式漂浮在几何的时空之中，这令人想起柴郡猫的微笑。我们可以看到猫的微笑（振动），而它的实体（即那种通过振动而创造各种振动模式的媒介物）则是该理论所无法掌握的。

弦论告诉我们，这些振动形态是由时空的几何构造所产生的，因为正

是时空在卡拉比 - 丘成桐空洞的相互作用中规定黑洞、虫洞和基本粒子时经历着压缩和撕裂。然而，时空是一种几何结构，不可能设想这种结构会振动，并且它的振动能产生物理效果。正如罗杰·彭罗斯（Roger Penrose）所指出的那样，弦论的实在性问题一是缺乏作为背景的几何学，二是需要额外的、不可检验的维度。

阿卡莎世界 THE SELF-ACTUALIZING COSMOS

弦论的实在性问题一是缺乏作为背景的几何学，二是需要额外的、不可检验的维度。

关于相对论的时空概念也出现了类似的悖论。在狭义相对论中，光被认为是光子流的传播（或换一个说法，是时空矩阵的变形），但是，"在什么中传播或通过什么传播"或者"什么东西的变形"，这个问题也导致一个悖论。用人类可理解的实在背景来说，我们通常会假定，如果我们有从空间中一个点传递到另一点的流或波，那么在自然界中就会有某种东西延伸在这些点之间，并承载着这些流动或波的存在。广义相对论已经接近于回答了这个询问，因为它假定有一种四维的矩阵，这种矩阵承载着跨越空间的信号。在这个矩阵中，引力是主要因素，它在动力学上类似于牛顿的空间概念。然而，广义相对论的引力场是"独立于背景的"。它所描述的这些现象不是安放在持续的和在实在性上可理解的背景之内的。假定爱因斯坦坚持他的理论所指的是独立存在的宇宙，那这就是自相矛盾的。

斯蒂芬·霍金坚持从肯定宇宙独立于我们的理论而存在转换为某种"依赖模式的实在论"，即否认理论可以独立于观察者和实在可以独立于理论——这种观点反映了物理学共同体当前占主导地位的态度（Hawking and Mlodinow，2010）。当代物理学实在论进一步受到关于超小尺度的实在的量子描述与广义相对论假定之间持久的矛盾所阻碍。引力已经不尽如人意地可量子化了，并且量子引力与量子场论不再一致。人们不清楚宇宙究竟是构成了一个平滑的时空连续区，还是它在内在本质上就是可量子化的。

即使在最好的情况下，科学中所假定的场的实在性也是模糊不清的。但是，关于场的实在性的问题已经超越了场本身的地位：当代科学的整个实在性概念都处于危险之中。如果场和科学中所假定的其他存在可以被看作实在宇宙的组成部分，那么我们就需要一种与观察事

THE SELF-ACTUALIZING
COSMOS 阿卡莎世界

当代科学的整个实在性概念都处于危险之中。

实相一致，并能对这些事实提供最简单一致的说明的实在性概念。这样一种概念一直存在于思想史中，我们也许需要在当代科学背景下重温这一概念，而所需要的概念是关于作为这些观察事实之基础的维度的概念。

深层维度，科学与哲学的桥梁

我们已经注意到，**场是不可观察的，只有它们的效果可以被观察和测量**。它们与自然界的所有法则和规律一样都有这种性质。我们可观察到一种动态演化的、不断变成现实的宇宙，但是我们观察不到"驱动"宇宙演化的法则和规律。因为结果是显而易见的，但原因并非如此明显——或者它只是间接地如此，因而原因和结果是不可割裂的或者是不可否认的。

对说明这种事物状态有益的一个比喻是电子信息处理系统。这些系统

的硬件是可观察的，而至少在正常操作状态下，它们的软件却是不可观察的。软件是一组算法，通过编程，这些算法进入硬件之中，它可驱使硬件按它要求的方法运行。在日常应用中，我们只能通过观察硬件的行为而推断软件的性质，甚至由此推断软件的存在。

系统的软件与硬件之间的关系正如科学中所假定的场的实在性而受到约束。我们可观察到"实在世界"的存在 —— 量子和量子性的系统，并注意到它们是超越空间并可能超越时间而内在关联的。我们观察不到场本身。然而，一方面，场不可见并非是拒绝接受它们可能是实在的正当理由。另一方面，坚持它们存在于与观察平面不同的实在平面上，这是有正当理由的。

场，以及科学中所承认的其他力和法则，可以存在于"潜藏"在直接观察中的实在性平面或维度上，这个假定有重要的历史先例。许多哲学家坚持认为，已经观察到的世界植根于实在却不可观察的维度之中。希腊形而上学中的物理分支的哲学家们 —— 唯心主义者和埃利亚学派（包括诸如毕达哥拉斯、柏拉图、巴门尼德和普罗提诺这样的思想家），在许多观点上有不同见解，但是在肯定"隐藏的"维度上却是一致的。在毕达哥拉斯看来，这就是宇宙（Kosmos），一种超物理的、不可分割的整体，物质和心灵以及世界上的所有存在都是在这个先在的基础上产生的。在柏拉图看来，它是理念和形式的王国，而在普拉提诺看来，它则是"一"。正如印度哲学中的《楞伽经》箴言所断言的那样，这种深层实在性是"因果关系之维"，它导致了我们的眼睛所能看见"粗劣"现象的出现。我们所观察到的世界是虚幻的、暂时的和转瞬即逝的，而这种深层之维则是实在的、永恒的和恒久不变的。

在近代之初，乔尔丹诺·布鲁诺把深层维度概念带进现代科学之中。他说，无限的宇宙中充满了不可见的物质，叫作以太或圣灵。天体并不是亚里士多德和托勒密学派宇宙学的水晶球面上的固定点，而是在它们自身的动力推动下，在这个看不见的宇宙实体中没有阻力地运行的事物。

19 世纪，雅克·菲涅耳（Jacques Fresnel）复活了这个观念，并把这种其本身是不可观察的填充空间的媒介叫作"以太"。他说，以太是准物质性的实体，天体在其中的运行会产生摩擦；其本身是观察不到的，但是它所产生的"以太拖曳"则应当是可被观察到的。在 20 世纪之交后不久，阿尔伯特·迈克尔逊和爱德华·莫雷检验了这个假定。他们推断说，假定地球是通过以太运行的，那么从太阳到达地球的光一定表现为以太拖曳：在朝向光源的方向，光线到达地球应当快于另一相反的方向。

然而，迈克尔逊和莫雷所进行的实验并没有探测到将会检验以太存在的拖曳现象。物理学共同体把这个实验视为证明了以太不存在的依据——尽管迈克尔逊警告说，这些实验只是反证了关于以太的一种具体的机械论，并没有证明那种不可见的填充空间的媒介（这种媒介不仅能传递其他场和力，而且能传递光）的概念是错误的。

当爱因斯坦发表其狭义相对论时，以太理论已经被抛弃了，它不再是必要的了。空间中的——更为精确地说，四维时空连续区中的所有运动都是相对于既定参照系的。在某个固定背景中，它并不会被认为是运动。

然而，以太作为潜藏在可见现象之中的不可观察的实在平面，此时又从后门溜回了物理学之中。理论物理学家们开始把自然界中的场和力追溯到统一的场之中的共同起源，后来又追溯到大统一场，接着又追溯到超大统一场之中的共同起源。例如，根据粒子物理学的标准模型，宇宙的基本存在不能独立于物质性的事物，即使在它们天生具有质量时也是如此；它们是空间背后的统一基质的组成部分。这种基质的基本存在是可以被量子化的：它们是基本的或复合的量子。基本量子包括费米子（夸克、轻子及其反粒子）和规范玻色子（光子、W 和 Z 玻色子以及胶子）。自 2012 年秋天以来，它们还包括了以前是假定，而现在则是已被实验验证了的希格斯玻色子（Higgs boson）。

量子既可以被描述为波，也可以被描述为粒子。在波的描述中（通常认为是更为基本的），量子是场中的模式，而场即使在真空中时，其强度也不是零。在这样的场中，粒子通过与希格斯玻色子相互作用而获得质量，而希格斯玻色子是希格斯场中有可能的激发态中最小的。希格斯场和粒子场的相互作用与后者所携带的能量成正比。粒子场，以及希格斯场，是某种扩展了的基本场，即统一场、大统一场或超大统一场的表现。由此看来，一种其本身是不可观察的场已突现为宇宙的基本基质。

2012 年秋天，科学家发现了一种新的物质状态，被称为 FQH（量子霍尔效应）状态。它所强调的概念是，我们经验中称为"物质"的所有事物都是某种潜在的宇宙基质的激发态。根据麻省理工学院的冉英（Ying Ran，音译）、迈克尔·赫米尔（Michael Hermele）、帕特里克·李（Patrick Lee，音译）和文小刚（Xiao-Gang Wen）提出的理论，整个宇宙是由可满足麦克斯韦方程和狄拉克方程的激发态构成的。他们的理论认为，在液体中，电子的位置是随机的，而在固体中则具有严格的结构。然而，在 FQH 状态中，电子的位置在任何给定时间内都是随机的，但是在延伸时期电子则以有组织的方式在"跳舞"。不同的"电子舞蹈"模式会产生不同的物质状态。

在麻省理工学院的文小刚与哈佛大学的迈克尔·列文（Michael Levin）提出的机制中（Merali，2007），电子像其他粒子一样，是在潜在媒介中自由运行的弦（"像汤中的面条一样"）的末端。弦的行为的不同模式可以说明电子和 EM 波，以及构成质子和中子以及诸如胶子和 W 与 Z 玻色子之类的粒子的夸克的性质，而后面这些粒子构成了自然界中基本的力。

根据文小刚的观点，量子真空是一种弦网的液体。粒子是充满空间的弦网的液体中所纠缠的激发态——"漩涡"。真空符合于液体的基态，而高于基态的激发态则构成了粒子。宇宙是由这些表现为光子、电子和其他（被嵌入的基态因而不再是"基本的"）粒子激发态所构成的晶格自旋系统。

物理学家们所描述的这个领域隐藏在宇宙的粒子、场和力之中，把它们化为各种各样的量子真空、物理时空、"新以太"（nuether）、零点场、大统一场、宇宙空间或纯粹的弦网。然而，2013 年 9 月发表的一项革命性的发现甚至对描述宇宙中的物理相互作用之类的概念都提出了质疑。这种新发现——被称为"膨扩体"（Amplitubedron）的几何客体表明，我们通常认为的时空领域并不是基本的实在。膨扩体—— 一种对这些关系的数学表达式并不"在"时空中，然而它"支配"着时空——其意思就像计算机程序支配着该程序的存在和关系一样。时空现象似乎是物理实在更深维度中那些几何关系的（推论）结果。

膨扩体理论在量子场物理学中是一种受到欢迎的新理论，因为它大大简化了粒子相互作用中散射振幅的计算。以前，由两个或更多粒子的碰撞所产生的粒子的数量和种类一直是通过所谓费曼图（最初由理查德·费曼在 1948 年提出）而计算的。但是，这种计算所需要的图数量非常大，甚至连强大的计算机联网都不能充分地计算最简单的相互作用。例如，要描述两个胶子的碰撞——它会导致四个能量较小胶子的产生——之中的散射振幅，就需要 220 个具有数千项的费曼图。直到最近几年，人们都认为这种方法太复杂了，即使借助超级计算机的帮助，也不能完成。

在 2005 年左右，计算散射振幅的另一种方法浮现出来。出现在对这些相互作用的描述中的模式表明存在着相互耦合在一起的几何结构。这种结构最初是由 BCFW（露丝·布利图、弗雷迪·凯查左、冯波和爱德华·威滕 [Ruth Britoo, Freddy

Cachazo，Bo Feng and Edward Witten]）加以描述的。BCFW 图表抛弃了位置和时间这样的变量，用超越时空的名叫"扭子"的奇异变量来代替它们。他们提出在这种非时空领域，量子场论的两个基本原理，并且总体上也是当代物理学的两个基本原理——定域性和幺正性，不再有效了。粒子的相互作用并不限于时间和空间中的局部坐标，并且它们的结果的概率不再累加。

对于叫作膨扩体的几何对象的发现就是要阐述 BCFW 扭子图表所暗示的几何学。高级研究院的尼玛·阿卡尼 - 哈米德（Nima Arkani-Hamed）与他以前的学生雅罗斯拉夫·特恩卡（Jaroslav Trnka）分别在 2012 年和 2013 年的研究工作表明，这一发现所包含的意义是时空即使不完全是虚幻的，也不是基本的了：它是深层次上几何关系的结果。

从此以后，物理学家就可以根据与它所描述的相互作用相同维数的几何对象来计算粒子的散射振幅。在原则上，多维的膨扩体能使对时空中所有量子的相互作用的计算成为可能。此外量子与量子构成的整体集的所有复杂系统（生物有机体、生态系统、太阳系和银河系）的计算也成为了可能。这些相互作用被视为是超越时空而获得的，时空特征，包括定域性和幺正性，是这些相互作用的结果。

科学史和哲学史上所熟悉的超时空领域，在科学的前沿重新表现为充斥于时空中的各种存在和事件的不变基质。

05

阿卡莎，融于万物之中的存在

THE SELF-ACTUALIZING COSMOS

阿卡莎是基本的要素，它包容万物，而孑然独立于万物之外，因为它是超越时空的。它是宇宙终极的实在维度。它以其微妙的一面潜藏在所有事物之中，以其粗放而明显的一面生成万物。

阿卡莎，宇宙终极的实在维度

认为可观察的世界是某种更深维度的显现，这个信条如今是在量子场物理学前沿重新提出的。这个信条并不是全新的，早在古印度哲学中，它就是一个基本的要素。印度最早的哲学流派之一 —— 数论学派坚持认为，在非物质的实在层面，即被称为阿卡莎记载的层面，蕴藏着纲领性的知识和信息。

印度哲人（先知者）以这个概念来具体地界定成熟的宇宙。他们坚持认为，宇宙中并非只有四个要素，而是有五个要素，这就是气、火、水、土以及阿卡莎。对于阿卡莎，文献中有不同的描述。有的把它描述为空间，有的把它描述为亮光，也有的把它描述为无所不在的光。阿卡莎是基本的要素，它包容万物，而孑然独立于万物之外，因为它是超越时空的。根据尤伽南达的观点，阿卡莎是一种微妙的背景，物质宇宙中的万事万物在这种背景下才成为可感知的。

在其经典著作《王侯瑜伽》中，维夫卡南达对阿卡莎做了如下阐释：

它是无处不在、融于万物之中的存在。凡有形之物，凡是结合而成的事物，都是由这种阿卡莎演化而成的。正是阿卡莎生成为空气，生成为液体，生成为固体；正是阿卡莎生成为太阳、土地、月亮、恒星和彗星；正是阿卡莎生成了人体、动物躯体、植物以及我们所能看见的一切形式、所能感觉到的万物、世上存在的万物。它不能被感知；它非常的精致微妙，超越了所有日常知觉；只有在它生成为某物、成为某种形式之后，它才能被看见。在创造过程之初，只有这种阿卡莎存在。在这个循环的终点，固体、液体和空气全都归于阿卡莎，而下一个轮回同样始于这种阿卡莎。

阿卡莎并非只是全部事物要素中的一个，而是最基本的要素：它是宇宙终极的实在维度。它以其微妙的一面潜藏在所有事物之中，以其粗放而明显的一面生成万物。其微妙的一面不能被感知，其显现的一面则能被观察到，正是这一面生成在时空中产生和演化的事物。同样的概念存在于《奥义书》中："所有存在产生于空间之中，并轮回到空间之中，空间实际上是它们的起点，也是它们的终点。"

大卫·玻姆于 2003 年阐述过完全相同的概念：

我们通过感官经验而感知到是虚空的东西，乃是万物，包括我们自身存在的基础。呈现给我们的感官的东西是派生的形式，它们的真实意义只有在我们考察充满物质的空间时才能看到，而正是在空间中它们得以产生和维持，最终还必定会消失于其中。

在当代科学中，人们重新认为空间是基本的基质，宇宙中所显现的事物和事件在这种基质中得以产生、通过这种基质而演化、在这种基质中重归万物。

全息时空

正如我们已经看到的那样，深层维度概念已经在一些经典宇宙观中得到了承认，或许最明显地是在古代哲人的阿卡莎概念中得到认可。根据印度哲学，我们所经历的世界并非最终的实在，而只是这种实在的显现。

阿卡莎世界 THE SELF-ACTUALIZING COSMOS

我们所经历的世界并非最终的实在，而只是这种实在的显现。

在阿卡莎宇宙论中，我们给这种多次出现的洞见又增加了一种要素。我们坚持认为，这种深层维度是超时空的，它创造了我们所观察到和我们在其中生存的全息时空。这个概念如今已经获得了具有重要意义的实验支持。

阿卡莎实验室
THE SELF-ACTUALIZING COSMOS

时空具有全息性质的证据在 2013 年春天被发现。根据《新科学家》报道，费米实验室的物理学家克雷格·霍根（Craig Hogan）提出，由英德引力波检测器 GEO600 所观察到的波动或许可以归之于时空的颗粒性（如前所述，根据弦论，在小尺度的时空层次上分布着极小的波纹：它们是"颗粒状的"）。GEO600 引力波探测器在构成时空的这种基质中发现了不均质性的存在，但是它们不是引力波。霍根问道，如果它们不是弦论认为分布于时空微观结构之中的波纹，还能是什么呢？如果微观的不同性质是时空的边界中编码为 2D 的 3D 投射，情况只能是这样。在这种情况下，我们可以假定时空中的事件是在这种周围编码的 2D 信息的 3D 投射。

全息时空假设重提了关于与黑洞"蒸发"有异常关联的解释。19 世纪 70 年代，霍金于 1974 年发现，随着黑洞的消失，它们之中所包含的信息也丢失了。关于恒星塌缩并生成为黑洞的所有信息都消失了。这是一个疑问，因为根据当代物理学，信息不可能在宇宙中消失。

希伯来大学宇宙学家雅各布·贝肯斯坦（Jacob Bekenstein）发现黑洞中存在的信息（与它的熵相关）与黑洞事件视界的表面积成正比，越过这个视界，物质和能量即不能逃脱。这个理论提出之后，上一段的疑问即得到了解决。物理学家已经发现，量子波在这个事件视界对黑洞中存在的信息进行编码。这种信息与黑洞的体积成正比，因此，当黑洞"蒸发"时，不存在任何未予说明的信息损失。

李奥纳特·苏士侃（Leonard Susskind）和杰拉德特·胡夫特（Gerard't Hooft）把这一信息编码原理应用于整个时空。他们指出，时空具有自己的事件视界，它是自宇宙诞生以来光在这个时期所达到的区域的边界。胡安·马尔达西那（Juan Maldacena）证明，5D 宇宙的物理属性与其 4D 时空边界的编码方式是完全一样的。这种编码是用"比特"的方式进行的：

在边界上每单位面积普朗克维度编码一比特信息。这一理论解决了宇宙中黑洞信息损失的问题，但是这在观测上还没有得到证实：普朗克尺度上的事件太小了，人们根本无法观察到。

对整个时空应用全息编码理论克服了这种不可证实困难。因为宇宙的体积大于它的表面（我们可以通过分割这个体积的表面而计算这个差），因而可以得出结论，如果在时空中投射出 3D 事件的 2D 编码占据了表面的普朗克维度区域，那么它们所编码的三维事件就一定是 10^{-16} 厘米的尺度而不是 10^{-35} 厘米。这种尺度上的事件是可以被观察到的。如果 GEO600 引力波探测器所探测到的波纹大约是 10^{-16} 厘米的尺度，它们就可能是时空微观结构中的波纹。在写作本书的时期，新的观察结果表明实际情形正是如此。

支持全息时空理论的证据在 2013 年夏天进一步出现，那时，日本茨城大学的百武（Yoshifumi Hyakutake）及其同事计算出了黑洞的内部能量、黑洞事件视界的位置、黑洞的熵以及以弦论为根据的其他几个属性和虚粒子的效应。百武同正德花田（Masanori Hanada）、五郎（Goro Ishiki）以及西村（Jun Nishimura）一起，也计算出了无引力的低维宇宙的内部能量。他们发现，这两种计算是相符合的（Masanori Hanada，Yoshifumi Hyakutake，Goro Ishiki，Jun Nishimura，2013）。这表明黑洞以及整个宇宙是全息的。空间的微观结构是由 3D 波动形成的，而 3D 对应于时空边界的 2D 编码，因而黑洞的内部能量和相应的低维度宇宙的内部能量是相等的。这表明时空是一种宇宙的全息图，因而量子和由量子所构成的宇宙是内在地作用其中的要素。

这种能产生我们所体验到的全息时空的维度就是阿卡莎。阿卡莎包容着这些几何关系，这些几何关系支配着时空中的量子和所有由量子所构成的事物的相互作用。**阿卡莎是可观测世界中的场和力的基座，它是普遍的引力场，与事物的质量成正比而吸引着事物；它是电磁场，在空间中传递着电磁效应；它是量子场的总体，给量子行为分配着概率；它是标量的全息场，创造着量子和量子构造之间非定域性的相互作用。阿卡莎在超越时空的统一宇宙维度中整合了所有这些要素。它在日常背景下深藏不露，却是世界的根本维度。**

阿卡莎时代的文明正在觉醒——
今日的怪物，明日的思想领袖

大卫·威廉·吉本斯（David William Gibbons）
历史学家，作家，《Universal One》广播节目发起人

大卫·威廉·吉本斯（以下简称"吉本斯"）：今天我想谈一谈我们这个时代，谈一谈我们大家目前在共同体验的这个过渡时期。也许实际上是最近10年的发展导引了我们当今这个时代。您对这个主题已经撰写了很多著作，手头有许多研究项目。那么，您对这个过渡时期的基本定义是什么，以及我们如何才能完全地确证这个过渡时期呢？

欧文·拉兹洛（以下简称"拉兹洛"）：我认为，我们正处于一个时代的终点，这个时代是建立在错误的意识之上的。这个时代（开始于几百年前）是人类历史上的失常状态。在这个时代中，人类竭力想利用那些新出现的力量，即物质性的力量来操纵世界，使世界成为我们自己的世界，并为我们自己的直接利益服务。所以，我们正在越来越多地破坏着世界的平衡及其自己的方向。人类对世界的操纵实际上已经非常强大，并且随着技术的力量和企业的力量相结合，由于两者都是由地方和国家政策扶持的，其力量就更为强大。如今，全球化的企业在非常实在

的意义上为世界制定着规划，并被消费者的智力和心态所左右。所以，在某种意义上这是一种失常状态，这种失常指引着人类的整个历史。

在最近几个年代，尤其是在最近一个年代，确切地说是从 2012 年年底开始，这个时代已到了紧急关头。我们现在正在见证一个飞跃、一个过渡、一种转型，一种向新意识、新时代、新文化和新文明转型的时期，人们在这个新时代里彼此会更加和谐地相处，与我们这个星球的环境更加和谐地相处。

吉本斯： 您在您的同名著作中称之为"阿卡莎时代的黎明"。您在其中谈到了新石器时代，即大约一万年前的时代，并认为这是人类文明的基础，这个时代也许首次发展出一种傲慢。我们可称之为原始形式的消费主义。通过我主持的一系列深入对话，我把这种傲慢的出现，以及现代消费主义的开始，尤其是在美国，归之于战后年代。但是，您说现实生活中的这种消费主义，这种通过金融财富的力量需求，已经伴随我们一万年了。您对此是怎么想的呢？

拉兹洛： 我并不认为这种新形式的消费主义必然是导致我们当前所有问题的因素。一万年前出现在新石器时代，出现在勒旺地区，出现在过去通常叫作肥沃月湾地区的事情，都是一种传说或者说信念。而实际上，这种信念是错误的，这种信念认为人类高于自然，超越自然。我们能驯养动物，正如我们能在家中培育植物一样，然而我们却不能驯养自然。但是，根据这个错误的信念，我们的祖先开始把他们在其中生存的自然加以改造，使它

们来适应自己的需求。当弗兰西斯·培根在晚年说，我们的使命就是要攫取自然怀抱里的奥秘，并利用这种奥秘来为我们自己的利益服务时，他明确地表达了这种"傲慢"。然而，与让自然适应我们的需求恰巧相反，我们需要使自己适应自然——并且，我这样说的意思是指这个星球上的整个生命网络。

吉本斯：在我正在撰写的著作中，我发现，与我交谈的对象越来越多地是那些固守陈旧方法之人。的确，我认为自己在某些方面置身于那样一群人之中，这些人非常清楚地记得我们曾拥有辛克莱计算器的 20 世纪 70 年代，并且当然记得从那里展现开来的所有故事。我们那时在高度物质主义的世界中以某种方式通过电路连接起来，并进入这样的存在之中。而当我与年轻人（他们毕业于伯克利大学、伦敦大学和其他大学）交谈时，我发现，他们所经历的一切与我们有些类似，但结果却恰恰相反。他们的视域不同，他们是从不同时代看问题的，他们仿佛在创造两代人之间的平衡。那么，究竟怎么做才有效呢？我们如何能形成那种条件，使得两代人都可以积极地共同努力，从而找到那种平衡呢？

拉兹洛：倘若我们允许将这些变化过程展现开来，就会达到这种平衡。变化不会来自中心、不会来自统治者层面，或者已经确立起自身地位的那一代。变化来自外部、来自边缘。我们知道，当生态系统因具有多种多样的种群而变得不再平衡时，这种变化就会在自然界里发生。达尔文认为，在这种情况下，优势物种就会改变自身，以适应新环境。自 20 世纪 80 年代以来，我们已经知道，优势物种并不会发生变化，任何物种都不会自发地发生变化。的确，被达尔文认为是进化之发动机的随机突变不可能对此提供说明，因为变化的发生有太多的可能性。就物种的基因禀赋而言，其搜索空间对随机变化来说简直是太大了，以致根本不会有合理的能产生有生命力物种的机会。实际发生的情况是，优势物种，即占主流的物种，会因为不再能维持自身及它在其中占优势的系统而死亡。而这时，来自外部和边缘的变化空间则是敞开的，变化在这里一直在发生。

甚至在社会中，变化通常也来自边缘，来自可供选择的文化和"突变的"个体。你和我都是变化的动因；任何人只要像你和我一样思考，就是生物学家所说的"有希望的怪物"。这些人在时机未到时就已经突变，在环境以某种方式变化因而他们能成为优势物种之前就已经发生突变。有些这样的有希望的怪物会成为主流，有些则不会，仍然会停留在有希望的层次上。在任何事件以及当前环境中，他们都是怪物。但是，当世界围绕他们而变化时，他们就不再是怪物了，此时他们会成为新的标准和规范。

THE SELF-ACTUALIZING **阿卡莎世界**
COSMOS

你和我都是变化的动因；任何人只要像你和我一样思考，就是生物学家所说的"有希望的怪物"。

所以，我不认为，在旧文化和新文化之间，在已经确立的文化与自然出现的新一代文化之间，还有相互干预的需求，甚至实在发生的可能。我们必须允许那些自然出现的东西自然出现。当它们出现时，革命就即将到来。这是一场不流血的革命，因为归根到底，它将是概念的革命——世界观的革命、价值观的革命。这是我们进行的革命，因为我们要实现的东西，就应当身体力行。我们当然还有其他不同的思维方式和行为方式，但是并非每个人都能做到。对那些按照世界银行评估标准，生活在贫困线以下的15亿人来说，并不存在这些选择。他们首先要设法生存下去。但是，任何生活在贫困线以上的人都有能力选择他们的消费行为、政治行为、社会和文化形态。

对那些丰衣足食、有能力做这种选择的人说，这是最强的因素。如果他们中有人能积极思考、提出合理的建议，那么他们就能创造一些能广泛传播的观念、理想和价值观。他们自身如何行动，作为消费者、政治活动家和市民，通过他们支持和渴望得到的事物，就能影响他人。决定性的因素是，他们的心胸要有开放性，思维要有创造性。但是，当今统治这个世界的人已经不属于这个范畴。如果他们不改变，就注定要么会随着这个系统的灭亡而灭亡，要么会适时地离开这个舞台，让位于在精神、创造性和想象力方面占主导地位的年轻人，允许他们进入舞台中心，创造所有人都能生活于其中的世界。

吉本斯：人们可以回顾一下罗马帝国的兴衰或大英帝国的兴衰，从中可寻找那些剧烈变化的例证。实际上，我们也可看一下其他已有体系崩溃的例子。在任何情况下，在当时这种崩溃的征兆并非总是显而易见的。相反，我认为，这通常是隐而不露的，尤其是当你生活于其中时。你并不会必然看到或意识到这些变化，因为你身在其中。但是，在整个这一过程中有不同层次和不同组成部分，我怀疑在下一个 10 年或 20 年间它将会结束，会变得异常明显和清晰。

从许多方面说，既完成这一过程，而这一系统又不至于因此而完全崩溃，那将是再好不过的事情了。问题是，这种情况是否可能存在，因为这些系统非常依赖于现有的消费倾向和金融体制。我们需要提前行动，以便理解我们期望什么以及如何处理这些因素。不过，下一个 5 年、10 年或 15 年间，这种崩溃有可能会发生吗？我们需要为这种崩溃做哪些准备呢？

拉兹洛：在未来 5 年、10 年或 15 年间，这种崩溃几乎一定会到来。不管这种崩溃是不是全球性的崩溃，不管这种崩溃是否可逆，都是指日可待的。如果我们能有某种感知上的危机，而不是生命上的危机，那么，我们就能开始改变，而不必非得经历崩溃。从这个方面说，当我们感受到顶部已开始塌

陷时，我们不必实际上经受这种痛苦。某种
自发的本能反应警示我们，这将会发生。我
不相信我们必须预知未来。当某些倾向或趋
势进入关键阶段时，就会在我们自身内部产

THE SELF-ACTUALIZING **阿卡莎世界**
COSMOS

当某些倾向或趋势进入关
键阶段时，就会在我们自
身内部产生自发的反应。

生自发的反应。我们开始感受到这种危机正在逼近。人们已开始感到某种激
动人心的事即将发生。这就是被我们委婉地叫作集体本能的东西。个体以及
集体的生存本能是某种实在的东西。它与世界有什么联系，是由世界的相互
联系的本性所引起的。

当今世界上所发生的一切都是"能够感受到的"，并且实际上已经被人们
感受到。广泛存在的社会动荡和政治动荡、局部生态崩溃，甚至是技术灾难，
都不是偶然的。除了有些顽固分子试图保护旧制度以外，人们越来越感到世
界需要变化，并且需要实实在在的变化。

当然，仍有一些人认为，我们不能改变世界或人的本性。但除了这些人
以外的人类现在已经发起了深刻的变化运动，这使得人类发生变化的意愿越
来越强。有一种运动把我们与更大的实在重新联系起来——与这个星球上的
生命网络这样的全球性实在重新联系起来。这种生命网络乃是一个整体性的
系统，它在微妙而有效地活动，并影响着其成员。这是关于整体的行动依赖
于个体的理念，而个体在科学上被认为是向下的因果关系。生物学家在数个
年代之前就提出了这一理念。不仅系统的部分会影响整体——整体是向上的
因果关系，整体也会影响到其自身所有组成部分。

例如，我们的大脑作为整体是有意识的，并且这种意识会影响其神经元
起作用的方式。与此相类似的事物如今出现在行星层次上。人类系统正在对
这个危机作出反应，因而对此会有体验。这会推进人类进入一个新时代，一

个不同的时代。当前的时代即将遭到淘汰，它不再会起作用，不再能把我们推进到任何地方了。敏感的人尤其是年轻人已经感受到了这一点。这使他们成为有希望的怪物：**他们是今日的怪物，但却是明天的思想领袖。**

吉本斯：是的，他们是有希望的怪物。我把这种发展叫作"骑龙"。我想我们所有人都是通过不同的阶层和不同的经验在旅行，不管年老者还是年轻一代都是如此。如果没有自我，在引领这个过渡时代时，当真没有这种机会，使你不得不说出你的真相并身处时代的风口浪尖上吗？这机会可能是渺茫的，但是人偶尔需要充满自信，即使在承认你是整体的不可分割的组成部分时也是如此。你的想法是这样的吗？

拉兹洛：如果你受到启示时能概述这个问题的要旨，那么你在道义上就有义务把它说出来并把启示传播出去，尤其是你如果感到人们接收这个启示的方法在很大程度上还是阈下的和无意识的。假定人们感受到了世界上即将来临的这一变化，但却不能说出来，那么传播你的启示的最好方式就是按这种方式去生活，如甘地所说，"成为这个变化"。此时，这种启示就会通过耳濡目染和感同身受这样的途径而传播。如果人们感到你已经发生变化了，那么他们自己也会开始以同样的方式发生变化。

传播这个启示会有不同程度的功效和责任，但是，传播这个启示而不改变自身，那是毫无意义的。只有当你自身发生了变化，才能激励他人变化。但根本的因素是意识的进化。你不能"使得"他人来进化他们的意识。你不能"教会"他人这种新意识。人们只能依靠他们自己来发现它，你自己意识中的变化只是对这个过程有一些帮助而已。

我在这里所说的进化了的意识是指一种新的心态、一种新的价值观，是对我们彼此之间的联系的认可。帮助他人进化出这种新心态乃是真正的老师、真正的领袖或者精神导师义不容辞的任务。这项任务不同于独裁者的任务，甚至不同于公司主管的任务，虽然受到启示的开明商人也会认识到人们必须依靠自己来实现自身意识的进化，而不只是遵守进化的指令。

一个可持续发展的和人道的世界只能是民主的世界，但是，民主所具有的问题在于，统治者们必须管理或统治民众，并且他们必须具有管理或统治民众的智慧。他们必须洞明世事，没有政治偏见和自利的偏见。

在此，有一个象征是极有裨益的：宇宙飞船。我们都是围绕太阳运行的一艘大自然宇宙飞船上的船员。我们现在开动这艘宇宙飞船的方式是不可持续的：我们正在逐渐耗尽飞船电池中的能量，我是指地球化石燃料的贮存。我们也在逐渐耗尽可能获得的物质资源，包括矿物资源和生物资源。同时，我们还在这艘宇宙飞船上积累着垃圾和废物。如果我们继续这样做，那么最终我们一定会受到阻碍，并会缺乏足够的资源来供我们生活之用。重要的是要在脑海中有这个象征，因为这个象征给我们提供了一幅人类在行星尺度上的存在情形的真实画面。

我们生活在一艘自然宇宙飞船上。依赖太阳能和以太阳能为基础的能量，我们拥有了几乎无限的能源。但是，我们所能利用的只是其中的一小部分。我们还没有达到可以持续地获得能量流的程度，因而循环利用物质资源的做法是我们的集体生存绝对的前提条件。我们需要认识到使我们成为世界的一部分这种需求。我们已经决定退出这个世界，错误地认为我们高于和超越了这个世界。现在，**为了我们的集体生存，我们要么回到这个世界之中，要么为退出这个世界付出代价。**

吉本斯：当我们与其他人联系，以便找到这个集体存在，并确保我们以某种形式的进步来通过这个过渡时期时，我们的主要动机是什么，我们的主要意图是什么？是因为与那个灵魂和心灵的联系确实已经开始和终结了吗？必须从那里开始，这超越了其他任何事情吗？

拉兹洛：我们所有人都是联系在一起的，并且是内在地和永恒地联系在一起的。这就是出现在科学前沿的新范式，即阿卡莎范式。我们只是自冒风险，漠视这种新洞见。如果我们能敞开心灵，直面世界上我们的整体，我们就会找到解决办法。这样做的前提条件是，允许我们内在的智慧运转起来。这种智慧在几个时代中一直在指引着人们。它以符号形式表达在预言性的洞见之中，因而它们常常被固化为书面的教条。因此，各种宗教学说成为宗派性的和分裂性的流派，成为零散的而不是统一的流派。然而，在世界各种文化传统中，所有这些智慧的基础都是我们的联系和整体性。我们如何以这种智慧为基础而行动呢？

我们能从事这一行动的唯一方式是在深层次上共同行动。要感受到我们的一体性，通过合作而变得更加一致。我们不再彼此一致，或者与我们周围的世界一致。传统社会拥有内在的一致性：它们是一个整体，即使它自身中有争斗或战争，这种争斗有时甚至还是激烈的。但是，它们自身维持了数千年或数万年，这是因为它们有基本的一致性。这种一致性如今在我们的物质化、碎片化的现代世界中被打破了，我们每个人都只想做自己的事情。现在的世界成为了丛林。我们只为自己负责；所有他人都是陌生人，有时是盟友，但更多的时候是敌人。他们确实不是我们——我们和他们是两种事物。这就是二元性，是一体性的对立物。我们需要找到返回真正的自我之路，这种真正的自我是整体的内在组成部分，这个整体是作为全体的人类，是作为全体的生命网络而定义的。我们需要与我们自己重新成为内在一致的，与我们周围的世界重新成为内在一致的。如果我们这样做了，如果我们朝这个方向前进，我们就是这个危机四伏的世界上积极的变化动力。

吉本斯：内聚力与合作是一样的吗？我提到过沃尔特·罗素（Walter Russell）、有节奏的平衡和索菲娅——这是一位在其自身中发现了某种傲慢的女性，她的结论是，男性统治了世界好几千年，直到我们的现时代。我的确认为这是一个重要观点，因为我们在向这个旅程的终点进发，尤其是对那些试图解决男性和女性的关系的人来说。这种平衡是什么？这种培养是什么？不仅把柔和的品质还给女性，同时也要把这种品质带给男性，以实现我们找到统一性的潜能，这有什么意义呢？

拉兹洛：这有什么意义？我要说，这是为了使我们重新联系起来，实现我们成为一个整体的目标，因为有更大的系统，我们只是其中的组成部分。我们是一系列更大的整体、整体之整体的组成部分。它的意义在于恢复直觉性的感受，即我们乃是这个整体的组成部分，我们是相互联系在一起的。因此，我可以说，彻底地这样做吧：这样做具有爱的意义，具有深层的、包罗万象的爱的感受。爱就是洞见到他人不仅是他人。他人也是我，我也是他人。**世界不是超越我的或者外在于我的世界，世界就在我之内，正像我在世界中一样。**我和我看作世界的东西之间没有任何绝对的界线。在我们的关系中只有不同程度的情感强度。

我与我的儿子和生活伴侣的关系，也许要比与地球另一面我从未谋过面的人的关系更为密切。但是，我与他们都有关系，只是在强度上有所不同而

THE SELF-ACTUALIZING
COSMOS 阿卡莎世界

我们需要找到返回真正的自我之路，这种真正的自我是整体的内在组成部分，这个整体是作为全体的人类，是作为全体的生命网络而定义的。我们需要与我们自己重新成为内在一致的，与我们周围的世界重新成为内在一致的。

已。归根结底，我与每个人都有关联，正如我与我最亲近的人有关联一样。如果我爱与我最亲近的人，那么我也要爱所有其他人，因为我们全都是同一个整体的组成部分——我们是彼此的一部分。

这是当我们问我们必须走哪一条路时，我们应当寻求的关键。除非我们拥抱这种包容一切的爱，否则在这个星球上，我看不到任何创造可持续的繁荣世界的最小的可能。这是空想吗？这是乌托邦吗？在正常情况下，答案是肯定的。但是，在决定性的不稳定时期、在即将来临的危机时期，这不是乌托邦。在这个时期，许多事情是可能的，除非我们要维持现状，回到过去。拥有包容一切的爱既不是一个人的事，也不是他人的事。回到某些地区的部落中去，看一看他们基于彼此的爱而发展起来的那种一致性吧，我们或许能看到这种爱。但是，作为全体的人类从未发生过这种事。然而，现在是必须使这种事发生的时候了，因为我们已经成为这个行星的物种。我们必须扩展这种包容一切的爱，把这种家庭成员所能感受到的彼此之爱延伸到这个星球上的所有人之间。做到这一点不是一种选择，而是一种必需。我相信它是可行的。我们如今能以非常多的方式彼此联系起来，我们能意识到我们共有的历史、知道我们拥有共同的未来。我们能发现我们都是一个大家庭的成员。在我们的这个历史紧要关头，乌托邦变成了可能。

阿卡莎世界 THE SELF-ACTUALIZING COSMOS

我们必须扩展这种包容一切的爱，把这种家庭成员所能感受到的彼此之爱延伸到这个星球上的所有人之间。做到这一点不是一种选择，而是一种必需。

吉本斯： 圣女的秘密，女性的力量和回归平衡——在认知和理解这个概念上，您认为什么是重要的？

拉兹洛： 凝聚、合作、同情、关爱都是女性的价值观。我们需要这些价值观，并应当看到这些价值观在形成世界时有积极的作用。这意味着那些坚持这些价值观的人必须在这个世界上有更多的话语权。如今这个世界被建构的方式是以男性价值观为基础的。它是力量指向的，短期行为、以自我为中心、适应于积累作为力量之象征的财富，以及役使他人按我们的意愿做事，这些价值观是典型的男性价值观。它们来源于过去的人类共同体，那时男性外出狩猎，女性待在家里做饭和料理家事。今天，确实有照料家庭和共同体的基本需要。然而，我们所创造的世界是建立在猎人心态、暴力心态和力量心态之上的，我们必须给这个世界添加更多的关爱价值、更多典型的女性价值。我不是指女性价值观——我指的是典型的女性所具有而不是男性所具有的价值观。妇女也能具有男性价值观。事实上，当今世界上大多数根据金钱和力量来衡量一个女性是否成功，这都是以男性价值观为标准的。正因如此，她们可以成为成功的商人和政治家。但是，典型的妇女坚持的价值观同这些价值观相比更为女性化。我们需要世界上更为典型的女性价值观，这些价值观一定能平衡男性价值观的优越性。

THE SELF-ACTUALIZING
COSMOS 阿卡莎世界

我们需要世界上更为典型的女性价值观，这些价值观一定能平衡男性价值观的优越性。

吉本斯：我们正处在我们今日旅程的尽头。您为什么做您现在做的这些事呢？

拉兹洛：这个动机不太理性。你知道，我生活在乡下、生活在令人愉快的环境中。我能做到无所顾虑，只待在家里享受生活。但是，我不那样做——我经常外出，在我所做的事情中寻找意义。如果我度过一天而没有产生积极的思想或没有与我认为积极的人交流某些思想，那么我就会认为这一天浪费掉了。我还有好多事情必须要做呢！

吉本斯：所以，发起这些深入交谈是我有意要做的事，我不会有顾虑，这是我爱做的事情。

拉兹洛：你做的事会把世界推向正确的方向。这个世界是不断进化的世界、是寻求内在一致性的世界、是寻求越来越高级的统一性和一体性的世界。我们要么成为世界上这场运动的一部分，要么选择退出这场运动。我们甚至可以反抗，这是人类的自由。但是，如果我们为了我们自身、为了他人、为了自然而把我们的自由与责任感相结合，那么我们就会与这个世界一同进化。这条道路正是我们要走的包容一切的大爱之路，一条令人满意之路——至少对我来说是这样。

吉本斯：欧文·拉兹洛先生，非常感谢您。

阿卡莎，一种根本性的范式转变

埃德加·米歇尔（Edgar Mitchell）
宇航员

在远古时代，生活在自然界中的人都期望对我们的世界及世界上的事物有所理解，而与自然界互动的探索行为则是由探索局部环境以外的事物所激发的，例如试图发现新的植物和动物群落，以及寻找生活在不同于自己部落的场所的其他人类部落。新词汇、新思想和新关系出现在人的心灵中，需要得以描述和讨论。对自然和新的存在的探索经验扩大了我们对世界的认知范围，并使我们产生了所有生命的诞生在更大的事物系统中是如何彼此适应或结合在一起的信念。

从现代回溯过去，我们能回顾关于我们的世界的许多语言和许多文化信念的产生过程。在古代各种文化中，那些神秘主义者和智者在规定他们所看到的实在的性质方面，以及在规定那些应当在彼此相互作用和与自然的相互作用中遵守的规则和程序方面，一直是领路人。地方性的文化信念转化为地方性的宗教，这些宗教追求关于自然和宇宙的"真相"，包括万物产生的历史以及人类为创造成功的生活与成功的社会秩序所需要的行为规则。

只要我们仍然是地方性的存在，这类部落秩序、信念和规则就足以规制我们的社会，并赋予社会以内在的形式。开始远途旅行、和相距遥远的人们之间互动，通常要比短期的和平与和谐会带来更多的冲突与争吵。在中世纪，王权、帝国和跨洲旅行，这些元素已经在西方世界司空见惯。基督教统治着欧洲，并且在那些新出现的民族国家中确定了思维标准和社会互动规则。谁同教会的意见不一致，就可能会被贴上异端的标签，并被绑在火刑柱上烧死。这时，出现了哲学家、数学家和思想家勒内·笛卡儿。他写道，身体和心灵、物质和精神属于不同的实在领域，它们按照本性并不会发生相互作用。教会接受了这一理念，因而允许欧洲的知识分子自由思考，只要他们不再讨论心灵和意识的主题，因为这属于神学家的领域。

之后不久，艾萨克·牛顿出版了他的关于运动定律的著作，于是，近代科学和经典的物理学法则诞生了。牛顿的理论建立在如下原则之上：实验可验证它必然地可应用于实在。自然界中的相互作用必须用精确的数学来衡量和证明。牛顿经典物理学的这个时期持续了长达 400 年之久，一直延续到 20 世纪之初，阿尔伯特·爱因斯坦才改变了我们对时空性质的理解。同时，马克斯·普朗克、埃尔温·薛定谔和保罗·狄拉克提出了量子物理学，把量子力学作为我们理解亚原子层面的相互作用的必要因素。

人们用来理解实在性的特殊规则和基本信念构成了哲学家托马斯·库恩所说的范式。笛卡儿以及随后的牛顿及其物理定律开创了一个400多年的统治时期，经典物理学在这个时期成为科学的范式。量子世界的发现及其在20世纪20年代的相互作用的系统化所引进的变化，启动了一种占据20世纪大部分时间的范式转换。然而，广义相对论和非定域性量子力学这两种革命性的理论并没有成功地统一起来，这种后牛顿范式缺乏整体上的一致性。另一方面，已变得非常明显的是，笛卡儿主义对物质和心灵的分离乃是一种错误的概念：物质和心灵都是实在的基本要素。到20世纪末，对意识的研究作为科学中的重要话题，在四个世纪的沉寂之后开始浮出水面。今天，量子理论的兴起、关于意识在世界上的积极作用的证据的积累，造成了我们对实在的新理解，这种新理解促成一种根本性的范式转换。这就是拉兹洛的新著所要谈论的内容。这部著作所要完成的任务值得我们给予严肃而密切的关注。

把科学的主导性范式带到表面，并检验这种范式的效力——或它的失败，以提供对世界的整体理解和现实的理解，这是拉兹洛的新著所取得的基本成就之一。其第二个成就乃是概述了一种新范式，这种新范式能克服旧范式的缺点，并赋予当代科学理论以整体意义和现实主义态度与行为。科学已经发展得太过臃肿，它的主导性范式已经容不下它了。我们需要一种新范式来理解出现在各门科学前沿的世界，拉兹洛的阿卡莎范式完成了这一要求。这是一场涵盖范围巨大并且无可争议的革命性成就。我们需要对这一成就予以重视，需要对之加以说明和讨论，并要持续不断地对之做深入研究。

THE SELF-ACTUALIZING COSMOS

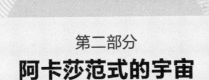

第二部分

阿卡莎范式的宇宙

一种新的格式塔

在概要地阐述了科学中的这种新范式的概念基础之后，我们现在即要着手讨论这种新范式对我们理解这种最大维度的世界有何意义。在这一讨论中，我们会谈及意识现象。根据以阿卡莎范式为基础的概念，意识是被希腊哲学家叫作"宇宙"的连贯整体的有机组成部分。

06

宇宙

THE SELF-ACTUALIZING
COSMOS

在整个历史上，关于宇宙性质的概念一直在不断变化。近年来，人们新提出的宇宙模型把我们的宇宙看作是巨大的，并且有可能是无限的"多元宇宙"中的循环。在新范式宇宙学中：宇宙是一，是一个整体，但是对观察者来说，根据这两个维来思考宇宙具有重要的意义：它们之中一个是基本维，一个是经验之维。

在自然科学中，宇宙学是一种经验性探究，是以观察和实验为基础而寻求理解宇宙宏观结构的起源、演化及其最终命运的理论。在哲学背景下，宇宙学是一种更大的探究，它与形而上学（第一原理的科学，以关于世界的基本的"物理学"为基础）相交叉，与本体论（系统探究实在的本性）相交叉。这里，我们将在广阔的哲学背景下讨论宇宙学，然而对自然科学中出现的新发现，我们也会给予适当的关注。

宇宙学的新视域

在整个历史上，关于宇宙性质的概念一直在不断变化。宇宙学的理论化对于所选择的范式一直非常敏感。当这种范式是机械论范式时，它所产生的宇宙学就会把世界描述为一个巨大的机械过程。当这种范式是活力论范式时，它所描述的图景就是把世界看作宇宙的有机体。而当这种范式是观念论范式时，它所感知到的实在就表现为某种宇宙心灵或意识的显现。

在过去350年间，西方科学一直由牛顿式的唯物主义范式所支配。建立在这种范式基础之上的宇宙学把宇宙描述为一个巨大的机械装置，在能

量 - 负熵 - 驱动下运行，并为自我的产生提供能量。人们认为，宇宙不可阻挡地向前运行，朝向最大熵的方向。此时不可逆的过程再也不可能进行，任何生命都不可能产生了，只有可逆过程在重复着。

然而，在宇宙量子层级所发现的惊人的能量海洋向牛顿的封闭钟表式宇宙概念提出了挑战。与之不同的另一概念已经出现，它植根于如下洞见：一种深层的准无限基质蕴含着我们所观察到的世界。在新范式宇宙学中，我们把这种新基质称为阿卡莎。在此，我们先介绍一下这种新宇宙论的基本宗旨，我们所采用的形式和语言是与这种实在的基本性质的阐述相适合的。

第一原理：基本维 vs. 经验之维

宇宙是一个完整系统，它通过两个维度的相互作用而实现自身：一个维度是不可观察的，一个维度是可观察的并且是显而易见的。不可观察的深层维度就是阿卡莎维，简称为"A 维"，而可观察之维则是显现出来的维，简称为"M 维"。A 维和 M 维相互作用，M 维中的事件是由 A 维构成的。而 A 维"在形式上"则是由 M 维构成的，并且这种"内在形式化的"M 维可作用于"去形式化"的 A 维。M 维和 A 维共存并不表示宇宙一分为二。宇宙是一，是一个整体，但是对观察者来说，根据这两

the SELF-ACTUALIZING
COSMOS 阿卡莎世界

宇宙是一，是一个整体，但是对观察者来说，根据这两个维来思考宇宙具有重要的意义：一个是基本维，一个是经验之维。

个维来思考宇宙具有重要的意义：它们之中一个是基本维，一个是经验之维。经验之维中事件的多样性显现着基本维中支配着它们的各种相互作用的统一性，这是阿卡莎宇宙论的基本信条。下面我们将更加详细地阐释这一信条。

M 维中产生的粒子和粒子系统不仅彼此之间发生相互作用，而且与 A 维也发生相互作用。每个粒子和每个粒子系统都有哲学家怀特海所说的"物质极"，通过这种物质极，它们会受到 M 维中其他粒子和粒子系统的影响；同时它们还有怀特海所说的"精神极"，通过这种精神极，它们会受到 A 维的影响。怀特海把这些影响叫作"摄入"——即世界的其他部分对时空中的粒子和粒子系统所起的作用。

正如 M 维中的所有事物一样，人类也是既有物质极也有精神极，我们以两种方式"摄入"世界。一方面，我们通过支配着显相世界中各种存在的场和力而摄入 M 维，另一方面，我们也以无意识的直觉摄入 A 维。柏拉图把这种无意识的直觉归之于形式和理念的王国，怀特海归之于永恒客体，而大卫·玻姆则归之于隐序。前者是外部世界对我们的有机体已知的影响，而后者则是更为微妙的洞见和直觉，它向大多数人表现出来，但是在现代世界中它们则大多被人们忽略了。

M 维和 A 维不仅历时地看是相互联系的，而且共时地看也是相互联系的。历时地看，A 维在先，它是出现在 M 维中的粒子和粒子系统产生的基础。共时地看，这些被产生出来的粒子和粒子系统是通过双向的相互作用而与 A 维联系在一起的。在一个方向上，A 维赋予 M 维中的粒子和粒子系统以内在形式；而在另一方向上，被赋予内在形式的粒子和粒子系统又在 A 维中"去形式化"。后者不是柏拉图的形式所构成的那种永恒王国和不朽领域，而是一种动态的基质，是由于同 M 维相互作用而逐渐生成的。

M 维中的粒子和粒子系统不是离散的存在，它们既不能彼此分离，也不能与 A 维相分离。归根结底，存在于 M 维之中的事物都是像光孤子一样的波、节点或 M 维的结晶。正是在 A 维中，它们得以实现自身，并且与 A 维一起"翩翩起舞"和共同进化。它们进入 A 维之中，表示它们是宇宙在完成其在多元宇宙中的演化与反演化时留下的轨迹。

海洋和波的隐喻

我们可以用一个简单的比喻来说明 M 维和 A 维的互反关系。我们想象一下大海。倘若无风无浪或没有其他干扰时，海面会平静光滑，如同平镜一般。但是，一旦有某物干扰海平面，海面就会出现波纹。这些波纹并非是与海水分离的实在，它们是海水的组成部分，是海水在海平面上的表现。如果我们集中观察这些波纹，就会看到一连串的波纹在传播，它们相互作用，并会创造各种极其复杂的形式。然而，这些波纹不过是由组成大海的海水所产生的模式而已。这些波纹不是在海里或者在海上，它们本身就是大海自身的波纹，它们是海水对这些存在物的实在性的显现。

我们现在把这个比喻中的一个要素，即相互作用再强调一下。海水构成了出现在海面上的波浪，而那些波浪反过来则使海水的形式发生了变化。在这里，海水是 A 维，出现在海面上的波浪则是 M 维中的事件。

宇宙中的深化

近年来，人们新提出的宇宙模型把我们的宇宙看作是巨大的，并且有可能是无限的"多元宇宙"中的循环。我们所居住于其中的宇宙并非是"这个"多元宇宙，而只是一个"局部的"宇宙而已。

认为我们的宇宙是巨大的多元宇宙中的一个循环，这对我们自己的宇宙所具有的相干性特征提供了一种强有力的说明。我们的宇宙具有令人吃惊的相干性：宇宙的所有规律和参数都能被很好地调整到与突现的复杂性保持一致。如果宇宙的相干性比现在更少一些，生命的出现就是不可能的，我们就不可能在这里追问：生命在地球上是如何进化的？在巨大无垠的宇宙空间中其他地方是否有可能还存在着生命？生命的进化是偶然的吗？抑或它是被设计出来的？最可信的回答是，我们的宇宙所具有的相干性既不是由意外造成的，也不能归之于超自然的设计，而是由超宇宙的遗传特性或继承特性所造成的。

"意外形成说"面临着严重的概率问题。虽然大数理论允许在大量试验下，不大可能的结果都有可能以某种概率出现但是尝试的次数需要达到一定的量，以使我们这样的相干性宇宙非常可能出现。寻求这个选择的"探索空间"数量是物理上可能存在的宇宙数，并且根据某些弦论，这个数大

约是 10^{500}。一方面，这个"命中"数是极为有限的。在这个巨大数量的可能宇宙中，只有少量的可能宇宙会产生生命，其他宇宙从生物学上看则是生命的"不毛之地"。并且，既然生命已开始在这个星球上进化，那么它也有可能会存在于其他星球上。

"设计说"则求助于超自然的意志，并且会提出这样的问题：靠什么来设计？或者说，由谁来设计？如果答案是"设计者不属于自然宇宙的组成部分"，那么对这一观点的证明问题就会转换到神学领域。也许这个答案非常好，也许答案就是"这样"，但是这样的讨论已超越科学的研究范围。

另一方面，"继承"假说，更准确地说，我们的宇宙是从一个作为先驱者的宇宙那里继承了它能产生相干性的属性，现在是科学领域内较为令人满意的观点。各种精致而复杂的宇宙模型提供了对这一观点的理论支持。这种模型之一是圈量子引力宇宙，它是由阿贝·阿西提卡（Abhay Ashtekar）和宾夕法尼亚州立大学引力物理学与几何学研究院的一个天体物理学小组于 2003 年提出来的。圈量子引力宇宙学允许在产生我们的宇宙的"大爆炸"之前来定义我们的宇宙状态。

这种标准模型不允许返回到紧随大爆炸而出现的那个时刻：物质在那时太密集，广义相对论方程因而还不起作用。圈量子引力的数学允许"倒推"在这种宇宙中支配着大爆炸刚发生时的各种条件，以及先于大爆炸时的各种条件。在这个模型中，空间的组织结构是由一维的量子线编织而成的。在这个模型中，爱因斯坦的四维连续统只是一种近似；时空的几何学不是连续的，而是具有离散的"类原子"结构。在最初的爆炸之前和爆炸期间，这种组织结构被撕开了，从而使得粒子状的空间结构成为显性。引力从吸引力转变为排斥力，并且在其所导致的宇宙爆炸中，我们的宇宙诞生了。

圈量子引力的理论表明，在我们的宇宙诞生之前，存在着另一个与我们的宇宙具有相类似物理特征的宇宙。阿西提卡及其合作者对这个发现感到非常吃惊，不断地以不同参数值重复这一模拟实验。但是，这些结论一直保持不变。我们的宇宙似乎不是诞生在被称为大爆炸的奇点，并且也不会在大收缩的奇点结束。我们所居住的宇宙不是"我们的"宇宙，而是由无限多的宇宙所组成的"多元宇宙"。大爆炸和大收缩是这种多元宇宙的相变，是从一个宇宙向下一个宇宙过渡的关键时刻，同时具有时空向量子维度收缩的现象。组成先前的宇宙的物质在黑洞中"蒸发"，同时又在紧随最终塌缩的超快速爆炸中重新诞生。作为指向大收缩的大爆炸理论的替代，一种循环出现的爆炸 - 收缩模型出现了。

这种关于连续宇宙（多元宇宙的连续循环）之间的继承论，与随机选择论或者求助于超自然的意志的神学论相比，对我们的宇宙的相干性提供了更为有力的说明。以圈量子引力宇宙学为基础的计算为这种继承论观点提供了具有重大意义的支持。实际情况似乎是，在这些连续循环之间的过渡中，先前的循环所具有的各种参数和其他物理特征并非中止了或者消失了，而是在影响着下一个循环。

墨西哥国立大学的亚历杭德罗·科里奇（Alejandro Corichi）2007 年

发表了一篇论文，公布了一个计算结果："半经典状态"在大反弹的一个面上在一对正则共轭量上达到顶峰，而在另一面上则存在着这些受强烈约束的涨落。两方面涨落中的变化即使对 100 万秒视差的宇宙来说也是无关紧要的小量（10^{-56}），而对更大的宇宙来说则会变得更小。

这种超循环继承假说同超弦论的某些观点相一致。M 论的进化形式要求有 11 维：10 维的空间和 1 维的时间。根据布赖恩·格林（Brian Greene）的观点，我们的宇宙是一个"三膜装置"，它嵌入在一个更大的、由许多三膜装置构成的弦景观之内（膜是数学上界定为空间上有延伸的存在，它们可能有任何维数）。这些膜相碰撞并创造了反弹，这种动力驱动着多元宇宙中宇宙循环的演化。

正如附录一中所讨论的那样，一些宇宙模型包含着持续的宇宙基质概念，即这种宇宙基质是我们的宇宙和其他定域性宇宙的产生、演化和退化的基础。这种超循环继承假说表明，这些宇宙并非诞生在空白的条件下：通过这种潜在的作为基础的宇宙基质，它们由先前塌缩的宇宙"内在地赋予形式"。

宇宙中的演化

天文学和天体物理学提供的证据表明，宇宙显现出来的维 —— 出现在多元宇宙中各个宇宙的时空，毫无疑问是随着时间而演化的。这些宇宙的物质内容是在大爆炸中创造的，并且在大收缩中消失。在大爆炸和大收缩之间，物质在恒星和银河系中演化，并且在物理条件有利的行星表面达到高度复杂的层次。

阿卡莎宇宙论给这种标准模型进一步增添了一些细节。在这个多元宇宙的每一次循环中产生的粒子经过演化构成了粒子系统，但是它们不能无限地演化，每一循环中的演化都受到该循环中各种物理条件的限制。宇宙循环是有限的，而它们所提供的条件则并非无限地有利于这些复杂系统的持续演化。

阿卡莎世界 THE SELF-ACTUALIZING COSMOS

宇宙循环是有限的，而它们所提供的条件则并非无限地有利于这些复杂系统的持续演化。

每个宇宙中的热力学条件和化学条件只有在膨胀阶段才有利于构造复杂系统。随着膨胀达到顶点，并归于收缩，复杂系统的物理条件就成为不利条件了。在塌缩的宇宙中达到超收缩阶段时，只有去核的原子可持续存在；然后它们也会死亡，变为量子真空，即充满东西的空间。

然而，爆炸之后所发生的宇宙诞生紧随着收缩和塌缩这一模型，并不能描述发生在宇宙中的全部演化过程和范围。宇宙是连续宇宙的多元宇宙，一个宇宙的演化只是一个循环在多元宇宙中的演化。根据超宇宙继承论，一个宇宙的物理特征影响着下一个宇宙的物理特征。

巨大的演化过程正是以这种方式在宇宙中展开。在每一个循环中，宇宙的 A 维从内在形式上形成 M 维，而具有内在形式的 M 维则会使 A 维变形。因此，通过这一循环便获得一种学习曲线。**A 维不断地被变形，并且不断地给 M 维赋予内在形式。结果，居于 M 维之中的那些系统便不断地由 A 维赋予内在形式。**这样一来，它们在每一次演化中达到更高的顶峰，或者在更短的时间内实现相等的演化顶峰。

这个过程将会导向哪里呢？如果循环的结果会导致 M 维中连续不断的演化，并且如果这种演化不断地使 A 维的形式变形，那么，这些循环的结果最终一定会达到一个最高点——一个终极的欧米茄循环。在这种欧米茄循环中，A 维实现了其自身在 M 维中充分被赋予形式化的潜在性，而 M 维中的系统则会获得时空中物理上可能的最高级演化。

印度宇宙学中的同类理论

在阿卡莎范式宇宙学中大致描述的这种持续的基本实在（多元宇宙的 A 维）与过渡性的现象世界（多元宇宙中显现出来的宇宙）之间的相互作用，在印度宇宙学中早已被提出。在古代印度思想看来，显现出来的世界中那些几乎是种类无限的事物和形式，乃是更深层次尚未显现出来的整体世界的反映。在这个层次上，现存事物的形式化为无形式的存在，生命有机体以纯潜在性的状态存在着，并且其动力学函数浓缩为静力学的静止状态。时间、空间和因果关系在婆罗门中被超越，进入纯存在状态。

婆罗门虽然是无差别的，但却是充满活力和创造性的存在。从其终极的"存在"中涌现出事物在显相世界中的当下"生成"，并具有其各种各样的属性、功能和关系。存在到生成的轮回，以及随后生成到存在的轮回，乃是婆罗门的特色，即其创造性与分解力的表现。婆罗门的绝对实在和显相世界的派生实在组成了相互联系的整体，它们一起构成了宇宙的不二一元论（Advaitavada）。婆罗门乃是基本的实在。那些出现在显相世界之中的事物具有次一级的实在性 —— 把它们误认为是实在，这是玛雅人的幻觉。

在阿卡莎宇宙论中，A 维取代了婆罗门的位置，它是宇宙的终极实在。那些在时空中演化和衰落的宇宙是阿卡莎的各种显相和证明，它们是多元宇宙的持久基质。它们是婆罗门的吸进和呼出 —— 宇宙的膨胀和收缩正是在阿卡莎中创造出来的，并且也是由阿卡莎所创造的。

07

意识

THE SELF-ACTUALIZING
COSMOS

大脑和心灵是人的经验的两个要素。大脑属于物质性实在层面的组成部分：是显现出来的 M 维中的组成部分。与此不同，心灵和意识参与并且本质上属于深层阿卡莎维。

意识是普遍的现象，它是宇宙的实在性的组成部分吗？抑或意识仅限于生物，或仅限于人类自身？所有这些可能的选择都已经在哲学史上有其地位。在它们之间作出选择，正如同关于实在的本质的其他问题一样，需要把观察事实联系在一起的体系的一致性和相干性作为基础。

这种新范式提供了一种简洁的、一致的和相干的体系，它能把有关宇宙的"物质性的"实在与"非物质性的"心灵和意识现象这些事实结合在一起。

身心问题：物质实在与意识之流的关联

意识以与人脑相联系的方式存在，不论它是否也存在于宇宙的广阔领域中。经典的问题是：这种意识是如何与人脑相联系的，以及如何通过大脑与世界的其他部分相联系。

大脑和心灵是人的经验的两个要素。我们体验着我们周围表现为物质的事物，并且体验着我们称之为心灵或意识的显然是非物质的现象。这些经验不能完全自我独立，它们都是人类经验之流的组成部分。但是，关于"物质"的经验与关于"心灵"的经验是如何联系起来的呢？

虽然物质性经验和心灵经验都是人类的经验之流，然而它们在根本上却是不同的组成部分。它们的表现方式不同，存取方式也不同。物质似乎能被所有人体验到，并且或许所有系统都被赋予了对其周围环境的某种敏感性。另一方面，意识是某种强烈的私人体验，只有正在体验的主体才能获得。正如怀疑论哲学家所指出的那样，对其他人的意识经验只是一种猜测，只能建立在我们自己的意识经验的基础上。但是，物质确实具有独立的实在性吗？并且意识与那些不同于人脑的事物也有联系吗？这些问题已经争论了几千年，尽管至今没有明确的答案，然而那些能提供答案的主要立场和观点已然形成。我们在这里以唯物主义、唯心主义和二元论对这些观点加以阐述。

- 在**唯物主义**看来，所有存在于时空中的事物都是物质的——它们是由叫作物质的实体所构成的。
- 对**唯心主义**来说，世界上的所有事物都是精神的，或者至少是类心灵的东西。心灵和意识是基本的实在，并且可能还是唯一的实在。
- 对**二元论**来说，物质和心灵都是实在的。所有的生命不仅是物质的，而且也是精神的。

所有这些立场都要求经验的支持。

　　唯物主义者指出，我们的经验所指向的世界是一个由可靠的事物所组成的世界，例如由原子和分子所组成的世界，并且许多事物是由原子和分子构成的。这些都是物质性的事物，它们在这种或那种事物中都是"物质"。心灵和意识则是副现象，即大脑的副产品，是复杂的、有自身地位的物质性事物。

　　唯心主义者则宣称，我们是通过意识而体验这个世界的，并且我们都是通过意识认识这个世界的。我们的意识是由一连串的知觉、意志、感受和直觉所构成的，虽然在这些事物中有一些似乎指向我们的意识之外，但是归根结底我们不能保证它们是出离意识中的东西。哲学家笛卡儿指出了人的意识之流，并且未能发现令人信服的证据表明有一个世界可以独立于意识之流而存在。他不能怀疑的唯一事情是体验这一行为本身 —— 我思故我在。

　　二元论者相信，物质和心灵都是世界的基本要素，不论心灵存在于所有事物之中，还是只存在于人类之中。在人类之中，心灵是与大脑和神经系统相联系的。

　　尽管为这些不同选择中的这种或那种进行辩护的论著有许多，但是物质性的大脑与非物质性的意识之间的关系仍然是一个尚未解决的问题。哲学家大卫·查默斯在 1995 年发表的一篇论文中称这个问题为意识研究的"疑难问题"。例如，当我们观看世界时，我们可体验到各种视觉感：感受到红色的特性、体验到黑暗和光明，以及洞悉视野中的深度特性。其他经验也伴随着不同形式的知觉而产生：单簧管的声音、樟脑球的味道。

然后，还有身体的感觉：从疼痛到性快感、内部唤起的心理表象、情感的感受性，以及对有意识的思想的梦境体验。所有这些状态能够统一起来，是因为它们都是经验的状态。

我们能体验到这些性质的感觉之流以各种状态存在，它们在根本上不同于所观察到的大脑之类的物质性实体存在的状态。这些物质性实体能产生非物质性的意识之流吗？物质性实体如何能产生非物质性的东西呢？

这个"疑难问题"与意识研究的"简单问题"形成了鲜明的对照。例如，我们区别、分类并对环境刺激作出反应的能力相对而言是一个简单的问题，因为这个问题在原则上参照神经和人工计算机制便能解决。当我们的大脑参与视觉和听觉信息加工时，我们就有了视觉和听觉体验。我们对神经系统接近我们身体自身状态的方式的理解也是如此。

但是，上述疑难问题仍然存在。处理来自感觉的神经信号的神经元网络如何能产生关于性质的经验？哲学家杰里·福多（Jerry Fodor）于1992年写道："无人对任何物质性的东西如何能是有意识的这一命题有丝毫观念，也无人对任何东西如何能是有意识的这一命题有一丁点儿观念。"

找到某种解决身心问题的办法实际上是很难的——至少当这个问题根据旧范式被提出时是这样。阿卡莎范式则对这一问题提出一种非常不同的解释体系，它提出大脑和心灵在宇宙的同一维度中并非存在于同一实在层面上。大脑属于物质性实在层面的

THE SELF-ACTUALIZING **COSMOS 阿卡莎世界**

大脑属于物质性实在层面的组成部分：是显现出来的 M 维中的组成部分。与此不同，心灵和意识参与并且本质上属于深层阿卡莎维。

组成部分，是显现出来的 M 维中的组成部分。与此不同，心灵和意识参
与并且本质上属于深层阿卡莎维。

意识，深层之维的一部分

我们已经指出，某种实在却隐秘之维确实存在的观念是传统宇宙论的
主要信条。我们已经看到，与此相同的洞见已出现在最新的科学理论中，
这种深层维度的存在是发现意识在宇宙中的位置的关键。

意识属于另一更深层次的实在维度，所有个人意识在这个维度中都是
"一" —— 这个观念在历史上被反复提出，并且不仅仅是由诗人和预言家
们提出来。物理学家薛定谔于 1969 年说过："全部心灵的总数是'一'……
实际上只有一种心灵。"他补充说，意识不是以复数形式存在的。心理学
家卡尔·荣格在晚年时也得出了相似的结论。他指出，心理不是大脑的
产物，并不存在于脑壳之内；它是宇宙的生成与创造性原理的一部分。

阿卡莎宇宙论完全契合这些概念。它宣称意识不是由大脑产生的，不
是显相世界中物理实在的组成部分。意识产生于 A 维中，并且它是通过
与 A 维相互作用而注入显相世界之中的。人脑的神经网络与存在于 A 维
中的信息相共振。以更为专业的术语来阐释，我们可以说大脑发挥着与对
来自 A 维的信号进行伽柏变换的相同作用，它把在 A 维中携带的以全息
形式分布的信息转化为影响大脑神经网络功能的线性信号。这种非定域性
的信息首先到达大脑右半球的亚神经网络系统之中，然后，如果它可以渗

透到意识层次，也会到达大脑左半球神经轴网络。假定这是 A 维中的全息分布信息，那么它所传递的就是该维中的信息整体。因此，我们的大脑充满了普遍存在于宇宙之中的整体性信息。

这一观点在理论上是可靠的，但是尚未得到经验证实。显然，我们的意识所表现的并不是存在于世界上的所有信息。但是，这并不意味着这种信息不能被我们的大脑所获得；它只是意味着我们的大脑过滤了很少一部分这种信息。在日常生活中，我们只能感知到世界上那些与我们的生活和愿望有关联的方面。

大脑的这种审查并不意味着绝对的限制，在意识的非日常状态，这种限制可以得到极大的扩展。精神病学家和心理治疗师超越个人的经验表明，在非日常的、经过改变的意识状态下，我们可以接收到来自世界的几乎任何部分和来自时间的信息。实际情况似乎是，至少潜在地是，我们完全可以进入时空中所有事物的完全的和永恒的记录之中 —— 我们可以"阅读"整个"阿卡莎记载"。

扩展性地使用阿卡莎信息解释了一些在其他方面令人困惑的现象。它解释了那种表面上看完全是长期的记忆，即显现在危急状态之中的记忆，包括那些伴随濒死体验的记忆。在这些例子中，我们的大脑对来自我们过去的信息进行解码，把我们自身过去同我们周围世界相互作用的部分记录带入意识之中。它还解释了超个人的经验。假定 A 维信息全息地纠缠在非定域性的信息之中，我们就应当也能"阅读"他人意识的某些成分。超个人心理学家、女巫以及那些极有天赋和极为敏感的人的发现表明，这种说法并非夸张。我们似乎能，并且在某些时候的确能阅读他人的意识，不管他们是当今活着的人，还是历史人物。

这里，灵性的这种无时间性洞见集中地表现在意识研究的最新发现中。这些新出现的洞见既是精神的也是科学的。它们可以被简要地概括如下：

　　我，作为有意识的人，并不局限于我的身体。我是显现出来的世界维度中类物质的系统和阿卡莎维中类心灵的系统。作为类物质的系统，我是我的身体，因而我是短暂的存在。而作为类心灵的系统，我是意识，因而我是世界的深层之维的一部分。我是无处不在的、永生的，是无限的宇宙整体的非定域性组成部分。

阿卡莎维，一种神圣的智能，内在性 vs. 超越性

格尔伊·萨博（Györgyi Szabo）

阿卡莎范式研究员
欧文·拉兹洛高级研究中心前项目主任

萨博：归根到底，阿卡莎究竟是什么呢？为什么它如此重要，因而我应当了解呢？

拉兹洛：阿卡莎是宇宙中的一个维，它包含着存在于其中的所有事物。它不仅包含着所有事物，而且还产生和联系着所有事物，并保存着它们所产生的信息。它是世界的发源地、世界的网络和世界的记忆。

这种新发现——更为精确地说，对古老洞察力的新发现，对科学来说是极其重要的，对你也是极其重要的。它对科学的重要性表现在，它能把自然科学的各种理论整合为爱因斯坦所说的有可能最简单然而却是综合性的体系——这个体系能传达一种有意义的世界图景，而这个图景是建立在我们对这个世界可理解的证据之上的。它对你的重要性表现在，认识到阿卡莎维及其与我们观

察和生活于其中的世界的关系，可以在你走向不仅能改变你的世界图景，也能改变你所处的世界本身的那种重大变革时，指导你的思维，并指引你的前进方向。

萨博：阿卡莎世界观与我们通常的世界图景有哪些不同呢？

拉兹洛：这种新范式给我们提供的概念，不同于大多数人在现代世界中所坚持的概念。通过这种范式的透镜理解世界，需要真正的"格式塔变换"。我们通常认为我们所体验到的事物是实在的，而它们所嵌入其中的空间则是空虚的和被动的，只是一种纯粹的抽象模型。我们现在需要把这种观点颠倒过来。空间中镶嵌着实在的事物，而那些在空间中活动的事物则是次要的。

这个概念出现在物理学前沿的发现中。量子物理学家认识到，空间不是空虚的和被动的，而是充满着东西的与能动的，即使物理学家仍然称之为"真空"。根据这种新观点，空间是基础，我们通常认为那些在世界上是实在的事物乃是建立在这个基础之上的图形。它们不只是这个基础之上的图形，还是这些基础的图形。我们通常认为实在的事物乃是空间的各种显现形式 —— 更准确地说，是阿卡莎的各种显现形式，是充满空间的宇宙基质的显现。

对这个世界概念有一个很好的比喻。读者可以想象一下海面上波的传播。当你观看海面时，你会看到波在向岸边涌动，波在船的后面扩散，波与波之间相互干涉。波从海上的一个点移向另一个点。然而，在海中实际上并没有任何东西在以那种方式移动：海面上的水分子不会从一个地方移动到另一个地方，它们只是上下波动而已。波的运动是一种错觉——这种错觉不是指没有任何东西与之相对应，而是指它并非看上去的那个样子。波在海面上传播，然而海水并没有从一个地方移向另一个地方。同样，事物在空间中的运动也是如此。事物并不是跨越空间而移动，而是在空间中波动，更确切地说，是在空间内部波动。这种波动是由空间来传递的。

这个观点与常识观点大相径庭。实在世界不是相互分离的事物跨过相互干扰的空间而移动的舞台，而是宇宙基质的各种显现。所有事物都是这种基质的组成部分，并且在这种基质中传送。我们的错觉不是认为事物直接地存在，而是认为它们是相互分离的。所有事物实际上都存在于这种基质之中，是这种基质的组成部分，并且归根到底与这种基质出于同源。

萨博：我们能肯定这是关于世界的正确观点吗？

拉兹洛：这是一个有重要意义的问题，我很高兴你能提出这个问题。这个问题通常是怀疑论者提出来的，这些人想反驳某种陈述或理论。但是，那些打算相信它的人也应当提出这个问题。一个清晰的事实是，我们不能绝对地肯定这种新范式给我们提供了正确的世界观，但是，我们能够合理地肯定它是一种科学的世界观。在科学中没有绝对的确定性能超越逻辑和数学公式。只有在这里我们才能证明我们的结论的真理性，因为这种证明就像我们的整个推理链条一样，是"公理性的或自明的"，它是用其自身的术语来定义的，没有参照任何其他东西。

爱因斯坦曾指出，就数学的证明与实在无关的一面而言，它们是确定的；就它们涉及实在性的一面而言，它们不是确定的。抽象的体系可以是确定的，但是，当把它们应用于实在世界时，它们就成为不确定的了。早在 2 500 年前，柏拉图就警示过我们，我们关于世界的观念充其量像一个故事。在这一点上，我认为，在我们的洞见被推演为事物的本质时，阿卡莎范式很可能只是一个故事。

萨博：那么，这是一种灵学观点，还是一种科学观点呢？

拉兹洛：你以这种方式提出这个问题，我并不感到吃惊。在今天的世界上，科学与灵学是两种截然不同甚至对立的立场。如果你是相信灵学的，就不可能支持科学；如果你相信科学，就很有可能不信奉灵学。但是，这种新范式克服了这种严重的分裂，你可以两者都是。这本身并不是新的观念，真正的灵学永远基于认识到在宇宙中起作用的更深层的智能。世界上各种宗教的先知都对这种智能给出了他们自己的解释，用符合他们时代的概念和语言识别出了智能。但是，他们撰写的经典著作中的文字解释有可能是错误的，因为他们认为只有他们的特殊解释才是真实有效的。

这类似于如下主流科学中的教条式断言，即只有感官传递的材料才提供了有关世界的真实信息，而这些信息以外的其他东西都是空洞的思辨，都是"形而上学"。成熟的科学则认识到，世界比我们对它的感觉经验要大得多和深刻得多。正如成熟的宗教所认识到的那样，它的学说所承认的更高或更深刻的智能是宇宙的真正核心。成熟的科学是承认灵学的，而成熟的宗教是科学的。它们建立在同样的经验基础之上，并且达到了根本上相同的结论。

萨博：阿卡莎是世界的智能吗？

拉兹洛：阿卡莎是一种智能。在灵学背景下，我们可称之为世界的意识或智能，而在科学语境中，我们最好视之为世界的逻辑或"程序"。它是使得世界可以理解，使恒星和行星以及原子和有机体以一种我们能理解和把握的方式运行的东西。阿卡莎范式传递的洞见，在传统上属于灵学和宗教领域中的洞见。

我们可以把 A 维想象为神圣的智能。它是世界固有的，是宇宙内在的组成部分。但是，在我们作为人类的直接经验中，这种智能是超越性的，它超越了"我们的"世界。

萨博：在这些观点中，哪个是正确的呢？

拉兹洛：关于神圣智能的这种"内在性"观点和"超越性"观点，两者都是正确的。它们的有效性依赖于我们如何研究这种智能。从外在于我们的世界的高地位来看，我们可以把宇宙想象为一个整体。在这个视域内，A 维等同于贯穿在世界之中的神圣意识。但是，从世界内在视域来看，更准确地说，从我们人类对世界的经验内部来看，A 维并不是充满于宇宙的内在精神，而是信息的无限时空超越场。

萨博：这意味着所有人都能体验到阿卡莎中的这种神圣智能吗？

拉兹洛：这种在阿卡莎中编码的智能给显相世界中的所有事物都赋予形式、传递信息。它给我们的大脑和身体赋予形式，并且给我们的心灵和意识赋予形式。

阿卡莎信息赋予我们的大脑和心灵形式，但并非必然地给我们有意识的心灵赋予内在形式。它在现代世界上通常会受到觉醒的意识的压抑。如果我们不把它作为幻想来压抑或消除，就必须有意识地体验它。为此，我们就需要进入改变了状态的意识之中。

这并非总是有必要。巫师和医生、先知和精神导师能进入这种作为他们的日常经验之一部分的宇宙智能之中。他们经常处于改变了状态的意识中，他们通过有节奏地跳舞、念咒、击鼓、服用迷幻制剂、举行仪式和典礼以及训练冥想来实现，有意识地培育它们。但是，在现代世界，我们非常确信所体验到的所有东西都是通过感官而获得的，因此，我们不再寻找那些与感官知觉无关的经验。如果这类经验自发地出现了，那么我们就把它们当作幻想和幻觉。这一规则的例外是艺术家、灵性大师和各行各业中有创造性的个体，甚至是科学中有创造性的个体。他们的关键性洞见常常来自状态的改变，在祈祷和在冥想中、在审美体验中，或者在梦境、白日梦、介于睡眠和清醒之间的半睡半醒状态中，或者在深层的内省中。

当我们进入意识图景改变了的状态之中时，各种观念和直觉就会流入我们的意识，这超越了我们的感官知觉范围。这些要素是宇宙基质阿卡莎中总体性信息的组成部分。这种信息以分布形式存在，就像在全息图中一样。这意味着所有信息要素都存在于其每一部分之中。在深入探究我们的意识时，我们进入这种信息的全息碎片之中——这种信息构成了宇宙的"内在形式"，以某种适度而实在的感觉。我们可以阅读"阿卡莎档案"，即整个世界上所有现存的事物、曾经存在过的事物的档案。

萨博：这种景象真是令人惊异的图景。但是，让我们叩问底线：我们现在知道了哪些以前不曾知道的东西呢？

拉兹洛：这实际上就是底线。归根结底，科学是有关理解的学问：认识世界和世界上的所有事物。基于更为适当的新范式的科学应当比基于旧范式的科学能传递更多的理解、传递更深刻的知识。

阿卡莎范式在这方面能做些什么呢？它能给予我们哪些先前的范式不曾给予和不能给予的知识呢？我会尽力给予这个根本问题以清晰的回答。

维克弗思特大学的生物学家罗伯特·兰扎（Robert Lanza）致力于探究"宇宙的真正本质"，在其 2009 年出版的著作中，他与鲍勃·伯曼（Bob Berman）一起撰写了一个创造性的工作报告，他称之为"经典科学对基本问题的回答"。根据兰扎的工作报告，科学正在陷于失败，它对 13 个基本问题中的 11

个问题，根本没有提供任何有效知识，且它对第 12 个问题传递的是试验性的答案，而对第 13 个问题传递的是负面回答。

经典科学对基本问题的回答

以新范式为基础的科学做得更好吗？在此，我们对比一下兰扎给"经典科学"提供的问题和答案与我们现在根据新范式所能提供的答案。

Q： 大爆炸是如何发生的？

A： 经典科学：不知道。阿卡莎范式科学：通过先于宇宙的塌缩到达量子维度时产生的斥力作用。

Q： 什么是大爆炸？

A： 经典科学：不知道。阿卡莎范式科学：宇宙之间的相位转换，或多元宇宙的相位转换，不是大爆炸，而是大"涨落"。

Q： 如果在大爆炸之前存在任何事物的话，那么，在大爆炸之前存在着什么？

A： 经典科学：不知道。阿卡莎范式科学：存在着一个先前存在的宇宙，或多元宇宙相位，具有的物理属性同我们的宇宙相似。

Q： 暗能量，即宇宙中占支配地位的存在的本质是什么？

A： 经典科学：不知道。阿卡莎范式科学：目前还不知道，但是以下观点可为研究提供方向：因为其本质有可能蕴含于隐维中，在物理上是时空的实在基础和宇宙中的物质与能量背景。

Q： 暗物质的性质是什么？即第二重要的存在的性质？

A： 经典科学：不知道。阿卡莎范式科学：与上面一样——目前还不知道，但是以下观点可为研究提供方向：其本质有可能蕴含于隐维的构成中，在物理上是时空的实在基础和宇宙中的物质与能量背景。

Q：生命是如何产生的？

A：经典科学：不知道。阿卡莎范式科学：我们视为生命之基础的过程是作为相干的关系而产生的，这些关系适时地出现在以轨道形式围绕活动星而运转的某些表面有水的卫星上，有机分子的混乱运动之中。

Q：意识是如何产生的？

A：经典科学：不知道。阿卡莎范式科学：意识不是"产生"的——它作为心理物理学宇宙的一个内在方面是永远存在的。

Q：意识的本质是什么？

A：经典科学：不知道。阿卡莎范式科学：它是显现出来的宇宙维度中类似于物质的系统的精神方面，更为准确地说是"类似于心灵"的方面。

Q：宇宙的命运是什么？例如，它会一直膨胀吗？

A：经典科学：似乎是这样。阿卡莎范式科学：极有可能，它会达到膨胀的初始力与收缩的引力之间的平衡。在这之后，它会重新收缩到量子维度——再度作为下一个宇宙的雏形出现（或多元宇宙的下一个相位出现）。

Q：为什么（物理）常数是现在的数值？

A：经典科学：不知道。阿卡莎范式科学：这些常数值在多元宇宙之前的循环中不断地演化，并且会在相伴随的、我们视为大反弹的转换里传递给我们的宇宙。

Q：为什么恰好只有四种力？

A：经典科学：不知道。阿卡莎范式科学：宇宙的力不限于四种，对应于非定域性的相互作用的力（或场）同四种经典的场一样是基本的和普遍的，并且还有各种各样的量子场和力。

Q：在一个人死亡后，生命还会有更远的旅程吗？

A：经典科学：不知道。阿卡莎范式科学：在死亡后，生命似乎作为阿卡莎中的意识形式继续存在，并能被体验和与之沟通，正如在濒临死亡体验、死后沟通和媒介传递联系中显现的那样。

Q：哪一部著作提供了关于生命、宇宙和一切的最好答案？

A：经典科学：哪一本著作都不能提供这样的答案。阿卡莎范式科学：经典科学的回答是正确的——哪一部著作都无法提供这样的答案，自古以来任何著作也没有给我们提供这样的答案，虽然某些著作提供的答案也许比今天的一些著作中的答案更好，并且很有可能在未来仍然如此。

这是一个和谐的新时代

大卫·洛耶（David Loye）

作家，"达尔文计划"创办人

在拉兹洛对这种新范式作出杰出的概括之前，人们在历史上已经长期坚持不懈地，努力试图理解我们是谁、我们在哪里以及我们在进化方面将走向何方这些命题。

在古印度人和玛雅人乃至全人类的历史上反复出现过的情景是，我们称作范式的各种思维定式经常发生重大的冲突。在很长时间内，一种范式会牢牢地把我们的思维束缚住，把我们禁锢在这种思维范式中。然后，在经历一定时期的灾难性混乱之后，如我们当前正在体验到的那样，一种新的范式将会出现于世。

在我们的时代，凡是在拉兹洛的新范式中与这种图景相适应的地方，都会有一种向全新视域的巨大转换。这种新视域包含着宗教的旧范式和现代主流科学的范式，并能同它们相结合，还会有所超越。

由于这种阿卡莎范式的出现，我们目前正在进入一个可称作和谐时代的新时代。出于对目前最先进的物理动力学令人兴奋的深刻理解，这种阿卡莎范式把宗教的精华与科学的精华同不断进步的科学与不断进步的宗教新关系的强有力表达相结合，从而击退了那些试图把我们在进化方面推向倒退的力量。拉兹洛关于我们需要获得更好未来的这种思维定式的根据已得到检验，并被更多的科学领军人物所承认。

一致性，生命系统的进化未来

金斯利·丹尼斯（Kingsley Dennis）

社会学家，作家，"世界转换国际"创办人

在人类进化的每一个阶段，我们所面临的现象都要求我们深入探究自己的知识范式和理解范式。在每一阶段，都要求我们奋起应对各种挑战，对那些推进我们沿着社会进化的演变轨迹而前进的洞见，予以概念化、形象化和清楚的表述方式。我们如何操纵现在和潜在的未来，这对于我们作为一个物种如何在一个动荡不安和维持生命的行星上幸存下来，乃是根本性的要点。显然，我们现在所依赖的科学知识体系需要及时地调整。拉兹洛对这种新范式的陈述正是这样一种调整。

这种阿卡莎范式使我们的思维方式回复到整体意识、回复到一种非线性的理解方式。这种理解方式会促使我们接受非线性相互作用的实在性，这种观点使我们从目前占主导地位的精神理性世界观转变为新的视域，这种新视域将致力于培育我们在无所不包的整体世界中存在的生态 - 相互关系。这便需要我们在人类意识方面进行完全的改变。

通过接受阿卡莎范式，我们正在给生命赋予巨大的意义。这种范式并不会毁灭或瓦解我们当前的模型或旧模型，相反，它会把我们先前阶段的知识更新为更加包罗万象的模型，这种模型能更好地说明显相世界在更为完整且包罗万象和充满活力的实在结果里潜存的"隐蔽之维"中是如何存在的——并且能说明这种显相世界如何能存在。阿卡莎范式考虑到了物质的存在，同时又促成所有已知现象的统一——它在本质上是一种统一范式，因而它对人类的意义是：它提供了一种维持生命的范式。

这种由拉兹洛确立的阿卡莎范式告诉我们，生命存在于一种超越了我们的最大胆想象的一致性模式之中。生命系统通过其自身的整个进化旅程而寻求和谐。这一洞见提升了我们的精神层次，给我们的生命赋予了新的意义。

自由的真髓

大卫·洛里默（David Lorimer）

作家，演讲家，教育家

劳伦斯·莱尚（Lawrence LeShan）在其 2009 年的新著《*A New Science of the Paranormal*》中，对科学唯物主义对超常现象的解析做了深刻的分析。他指出，不可能的事件根本不会发生，因为根据定义，如果一种事件发生了，那么它就是可能的。事件要求根据理论来解释。因此，如果该理论不能解释这个事实，那么更糟糕的是这个理论，而不是这个事实。这个理论需要得以修正，事实才能重新得以解释。

心理学研究和超常心理学的历史已经提供了许多例证，表明科学家一直在试图通过解释而消除掉那些他们先验地认为是不可能的事实，或者是布罗德（C. D. Broad）叫作"以前不可能的"事实。这可能是一种复杂的术语转向，但是它给人的印象是一种假定或偏见。世界观的基本原理乃是一系列关于实在的本质的前提或假定。这是鲁伯特·谢尔德雷克（Rupert Sheldrake）2012 年的著作《科学幻想》（*The Science Delusion*）的主题。在这部著作中，他讨论了一些科学信条，并把这些信条转化为问题。这些问题包括如下命题，即自然界在本质上是机械性的；物质是无意识的；大脑产生了意识；记忆是作为物质痕迹而贮存于大脑之中的；心灵局限于头部；那些不能解释的现象，诸如心灵感应都是幻觉。

在这些命题中，没有一个是真实的。这已经由谢尔德雷克令人信服地向我们做了证明。然而，这些命题一直被武断地坚持着，尽管 100 多年的证据恰好与之相反。这便禁锢了探究精神、扼杀了有可能发生的真正进步。即使主流科学家有更多的勇气对这些教条提出质疑、能抵抗住他们同行的压力，也无济于事。正如另一位被忽视的天才尼古拉·特斯拉（Nikola Tesla）所说的那样："今天的科学开始研究非物质现象，它将会在一个时期内作出比以前所有世纪还要大的进步。"当然，人们已做了许多研究，但本质上没有一个研究被承认或者与主流相结合。

造成这种状况的根本原因在于科学唯物主义意识形态的束缚。这种意识形态假定，意识是大脑中的物理过程的附带产品，它不可能起非定域性的作用。这还意味着，心灵感应和脱离躯体的精神体验在原则上是不可能存在的，因而死亡宣告了意识和个性的终止。科学唯物主义对待超心理学的标准方法是质疑实验者的诚实性或实验的严格性。迪恩·雷丁（Dean Radin）等人有理有据地证明，这些现象的确会出现，并因而要求被解释。许多人因缺乏相干性的理论而抵制超常的迹象。

这正是欧文·拉兹洛的阿卡莎范式所要解决的问题，并且这种范式提供了理解意识及其运行方式的新体系。新理论应当恰当地说明其所研究的材料，这并不是要继续抵制所有新材料，从而为科学唯物主义作辩护。科学家应当心胸开放、坚持坦率探究的精神，这才是科学过程的真正本质。正如我在开头所指出的那样，如果一种理论不能说明得到充分检验的证据，那么这种理论就需要得以扩展或者更新。

这个时代已经到来。因为在我们理解实在、说明所有层次上的一致性和非定域性方面，已经发生了真正的范式转换。**这种范式已不满足于只是说明定域性的相互作用，而不能说明非定域性的相互作用。正如拉兹洛所观察到的那样，非定域性乃是宇宙的基本特征。**他假定阿卡莎是宇宙的潜在维度，是显现的物质世界中所有事物的内在形式，而且，它还是从内部体验得到的意识要素。我们嵌入在非定域性的相干性中，这使得我们可以进入超越物质感官领域的信息之中。因此，超常现象并非是意想不到的，而是在这种扩展的体系中可预期的。

这些观念的先驱者有威廉·詹姆斯（William James）和亨利·柏格森（Henri Bergson）。他们提出了激进经验主义和创造性进化的概念。他们的理解是大脑倾向于过滤掉非定域性的信息，尤其是那些左半球占优势的人更是这样。由于怀特海的影响，他们在承认我们在"定域的和非定域性的相互联系和相互作用的宇宙"中内在固有的要素方面，不会有任何困难。这种动力学秩序而不是决定论秩序还会给自我决定论留有余地，拉兹洛称此为"自由的真髓"。

这种展望是令人振奋的，它与物理学、生物学、心理学和超心理学中的新发现是完全一致的。我们应当摒弃科学唯物主义的桎梏，同时在我们的研究中坚持严格地解释全部人类经验 —— 不仅要严格地解释正常的和非正常的经验，而且还要严格地解释超常能力。

SELF-ACTUALIZING
THE COSMOS

第三部分
阿卡莎范式的哲学

COSMOS
导读
一种新的格式塔

在这一部分，我们将从最大的世界观转入某种较为适中的世界观，探讨人作为有意识的存在产生于这个星球，并与这个星球的生命系统相互作用的相关问题。

阿卡莎范式的哲学为这些与人类密切相关的终极问题提供了一些新见解，把这些问题视为我们对世界的知觉的性质和范围问题、内在于我们身体之中的生命力起源问题、人类自由的范围和界限问题以及获得哲学家称之为"善"这种最高价值的人类愿望的客观性和意义问题。

08

知觉

THE SELF-ACTUALIZING
COSMOS

我们可以感觉到两种来自世界的信息，它们是通过两种不同的系统来处理的：一是来自M维的信息，它们到达我们的感官，并由大脑的神经轴网络处理；一是来自A维的信息，它们直接到达我们的大脑，并在大脑的亚神经轴网络中解码。平静地感悟自然，欣赏诗歌、音乐和艺术，都能造成意识状态的改变。而以非日常的意识状态接收信息能够达到令人惊异的维度。

阿卡莎范式重引了古代的一个洞见：宇宙中存在着一种深层之维。这种 A 维就是我们所体验到的所有事物的记录和记忆，它使所有事物与其他事物联系起来，它保存着所有已经发生之事的轨迹，并给所有将要发生的事赋予"内在形式"。

在人的经验背景中，这种阿卡莎之维是直觉、预感、创造性思维和顿悟之源。我们的这些经验要素在现代世界中没有得到信任，我们通常忽视或抑制这些经验要素，这种做法是建立在错误地理解世界的性质和我们对世界的知觉潜能的性质之上的。

阿卡莎世界 THE SELF-ACTUALIZING COSMOS

阿卡莎之维是直觉、预感、创造性思维和顿悟之源。

感知世界的两种维度

出现在大脑和意识研究前沿中的现实表明，有两种而不只是有一种从世界到达我们之中的信息源。**我们不仅接收来自显现出来的 M 维中的信息，而且接收来自深层的 A 维之中的信息。**我们从 M 维中接收的信息是以波的形式在电磁谱和空气中传播的，而我们从 A 维中接收的信息则以波的形式在量子能级中传播。来自 M 维的信号会通过我们的感官接收，而来自 A 维的信息则会通过我们大脑中量子层级的网络接收，这种接收并不需要通过我们的感官。

日常经验是由五种感觉所传递的信息所支配的。这五种感觉就是我们对周围世界的视觉、听觉、味觉、嗅觉和触觉。直到最近，大多数人，包括科学家们都相信，这是我们从世界上获取信息的唯一渠道。这导致我们的经验范围局限于对感知到的信息的分析。神经科学前沿的新发现表明，这种经典观念太狭隘了，它忽略了人的经验的本质要素。

感官信息是由大脑的神经轴网络中的突触或神经键来处理的。这种网络是唯一处理来自世界的信息的系统，在这一层次下，有一张分等级的巨型网络，一直延伸到量子维度。大脑的亚神经轴网络是由组成微管的细胞支架蛋白质构成的。它们通过这种蛋白链接而在结构上相互关联，通过间隙连接而发挥作用。由于是在纳米范围内起作用，在这些亚神经轴网络中的要素数实际上超过了神经轴网络中的要素数，在大脑中大约有 10^{18} 个亚神经轴微管，而神经元"仅有" 10^{11} 个。

微管，即蛋白"微管素"的圆柱形聚合物，是细胞支架的主要成分。它们可自组装为细胞内的结构，创造和调节神经键以及膜结构和细胞核内基因之间的通讯。它们持续不断地分化，并不断地重塑自我形态，发挥着细胞的神经系统的作用。

神经生理学家斯图亚特·哈梅罗夫（Stuart Hameroff）和物理学家罗杰·彭罗斯提出了一种非常复杂的大脑微管网络信息处理理论。微观层级的信息处理提高了大脑的信息处理能力。不同于每秒几个立得比特（synaptic bits），在 10^6 赫兹域中相干地切换的每一神经元里 10^8 个微管蛋白可潜在地产生每一神经元每秒 10^{14} 比特的信息处理量。

量子层级的过程可以把大脑的信息处理能力扩展到宇宙中的基本层级上去。超越原子层级以后，我们所具有的普朗克层级，其几何尺度为 10^{-33} 厘米。这个层级是空间的精细结构，呈现为微粒、涨落和信息的海洋。GEO600 引力波探测器记录下了由这个尺度的涨落所产生的分形噪音。这些涨落大约每隔一定尺度和频率重复一次，从普朗克尺度每厘米 10^{-33} 和每秒 10^{-43}，到生物分子尺度和时间：10^{-8} 厘米和 10^{-42} 秒。在较高的频率上，例如在 10 千赫、兆赫、千兆赫和太赫兹域，大脑信息处理包含着越来越多的大脑微管和亚神经轴程序集，并且可能最终涉及整个大脑。

精神病学家和大脑研究员埃德·弗雷斯卡（Ede Frecska）和社会心理学家爱德华多·鲁纳（Eduardo Luna）于 2006 年指出，大脑中有两个系统在处理信息，而不是只有一个，这就是经典的神经轴网络和量子层级的微管网络。神经轴网络给我们提供了感知世界的"知觉认知符号"方式，而微观网络则给我们提供了一种"直接的直觉 - 非定域性"方式。知觉认知符号方式在现代世界的意识中占支配地位；直接的直觉 - 非定域性信息处理方式则大多数被过滤掉了。

知觉在经典的信息处理方式和量子处理方式中似乎都会出现。大脑对神经细胞的采集表现为多层次的频率接收器，它会选择那些能与之发生反应的信号。由于生命早期的调节作用，每一接收器都会逐渐地同特殊的频率发生反应。同传达到我们大脑中的信息"相谐调"，意味着从大量因频率和模式不相近而被忽略的信息中找出我们能接受的。

当这些接收器与特殊的频率相谐调时，便会产生一种认知反应模式。这种信息处理网络对所选择的这种模式的解释与已经确立的关于它的理解是一致的。由于与相同模式一次又一次地谐调，这种已经确立的编译便逐渐得以增长和强化。

基于模式重复的选择性在我们经验的各方面都有体现，因此我们在认识甚至感知不熟悉的模式时才会有这样那样的困难。这种选择性在大脑亚神经轴网络中进行的量子层级信号处理方面也是存在的。对近代世界中的大多数人来说，以这种方式所接收到的信息是陌生而神秘的，并且还有隐约的危险感，因而被人们选择性地过滤掉了。

洞悉阿卡莎场

我们能采取有效的措施来降低对唤醒意识的选择性审查——我们可以进入非日常（nonordinary）的意识状态。有些非日常的状态是可以自发获得的，这就是催眠状态和半醒状态，即睡眠和清醒状态之间的过渡阶段。

例如，有一些人可以通过有节奏的运动、有节奏地重复某种声音或观看图像，以及有控制地使用致幻药，有目的地达到这种状态。传统文化中的人对这些技巧是非常熟悉的。现代精神病学家和精神治疗师深谙此道，他们经常采用这种方法。

平静地感悟自然，欣赏诗歌、音乐和艺术，都能造成这种意识状态的改变。类似的目的通过宗教仪式也可达到，重复地念咒、击鼓和跳舞，通常是传统文化中诱导这种状态的主要方法。同样的方法还表现为祈祷者所从事的仪式性活动，他们通过反复地重诵圣词、祷告和呼叫，就可强化这种宗教热情。

瑜伽是一种古老的训练方式，其目的就是要获得意识的这种状态改变。它包含诱导这种状态的四种不同的练习方法：一是人们所熟悉的冥想形式，即通常意义上的存在感瑜伽；二是爱的感受，即通常意义上的感受瑜伽；三是寻求理解，即通常意义上的提高逻辑领悟力的瑜伽；四是因果报应瑜伽，即通常意义上的态度的改变，是行动瑜伽。

改变后的意识状态可以通过外伤或其他生命转化体验而升华。宇航员由于能从外层空间观察地球，经常报告他们有超越身体感官范围的体验。这种情形曾发生在埃德加·米歇尔身上，他是阿波罗 14 号宇宙飞船（Apollo XIV）登月舱的队长，第六位在月球上漫步的人。当他在太空时，他有一种显灵的感受，这改变了他的生活。他报告说，他观察到地球上的生命网络是一种相互联系的整体。在返回地球后，他建立了思维科学研究院（Institute of Noetic Sciences）。

米歇尔 1977 年曾表示，自然事件如何能导致深层洞见并对行为产生重大改变，其答案隐藏在阿卡莎场中，量子全息信息在这个场中不断地使场的强度放大。在这些经验中出现的直觉是我们的第一感觉，而不是第六感，因为它早在人类开始把他们所接收的信息归功于他们的五种身体感官之前很久就已经发展起来了。

进入这种意识改变状态，不论是通过日常事件，还是通过祈祷、冥想、审美体验或对大自然的沉思，都会对大脑产生一种可测量的效果，它使左半脑与右半脑实现了同步。实验表明，在这种已经得以改变的意识状态下，大脑两半球的脑电活动变得非常和谐：两个半脑中的活动模式相互匹配。这与大脑的日常状态形成鲜明的对照，因为大脑两半球在日常状态下的功能几乎是相互独立、互不相关的。

脑电波的和谐状态还不限于这种作为既定主体的大脑。当几个人一起进入深层冥想状态时，不仅他们自己的大脑两半球变得同步了，而且这种同步状态还会延伸到全部冥想者的大脑之中。在印度脑科学研究员尼塔莫·蒙泰库科（Nitamo Montecucco）于 2000 年所进行的实验中，有一组 12 个人进行了深层冥想，其中 11 个人获得了超越个人的同步性体验，比例超过 90%。然而，这些冥想者是闭眼坐在一起的，沉默不语，相互之间并不看对方、不听对方的声音，也没有以其他方式相互感知。

另一实验也说明，信息可从一个人的大脑非定域性地传递到另一人的大脑中。这个实验是 2001 年春天在德国南部，我在场时完成的。在一个有 100 多人参加的研讨班上，斯图加特通讯与脑科学研究院院长冈特·哈菲尔德（Gunter Haffelder）测量了玛丽亚·萨希（Maria Sági）博士，一位富有经验的自然方法治疗师的脑电波模式，同时还测量了另一位测试者，后者是参加实验之人中的一位志愿者。这位志愿者待在研讨班房间，而那位治疗师则被带到另一个与此分开的屋子里。治疗师和受试者以电极连接起来，因而他们的脑电波模式可以显示在研讨班房间的显示屏上。在萨希博士于 2009 年诊断和治疗受试者时，她的脑电波出现在 0~3 赫兹的 σ 区域，同时有一些高波幅出现。受试者轻松地坐在房间里冥想，与治疗师并没有感官上的接触。然而两秒后，她的脑电波上也出现了同样的 σ 波模式。

以非日常的意识状态接收信息能够达到令人惊异的维度。根据一些精神治疗师和心理学家的论述，患者的体验在这种改变了的状态下，可能包括同那些他们通过自己的身体感官不能进入和体验到的个人、事物和事件的无意识接触。斯坦尼斯拉夫·格罗夫（Stanislav Grof）发现，在这种改变了的状态下，人们能体验到他们的自我界线已经解体和消融，有一种融入他人和其他生命形式的感觉。在这种深层的状态改变中，有些人报告说，他们的意识已经扩展到很大的范围，能包含地球上所有的生命。他们说，他们个人能知觉到他们在过去的生活中曾经体验过的各种场景、各色人等和各类事件。所谓超心理现象（psi phenomena）更为经常地出现在这些状态中，心灵感应能力和透视能力在这种状态下最易出现。

格罗夫对这种已经改变的状态的知觉究竟是什么非常清楚。通过半个多世纪研究超个人经验的经历，他毫不犹豫地断定，许多这类体验在本体论上是实在的。它们既不是形而上学的思辨和人类想象力的产物，也不是大脑病理过程的产物。任何怀疑超个人经验的真实性的人，格罗夫写道，都不得不说明缘何不同种族、不同文化并且在不断历史阶段，人们对这些经验一直有所描述；为何在诸如实验性的心理疗法、冥想、由心理创伤造成的精神上的异常和濒临死亡体验之类的不同情形下，它们会出现在现代社会中。

经典的知觉理论需要修正。我们可以知觉到两种来自世界的信息，它们是通过两种不同的系统来处理的：一是来自 M 维的信息，它们到达我们的感官，并由大脑的神经轴网络处理；一是来自 A 维的信息，它们直接到达我们的大脑，并在大脑的亚神经轴网络中解码。

在我们的关键时刻，我们需要关于整体和联系的洞见与直觉。本质的问题在于，我们要认识到（从字面意思上说，是"重新认识到"）从阿卡莎到达我们的整体性的全息信息，与那些从显相世界到达我们的感官信息一样地实在，并且有时可能会更有价值。

09

健康

THE SELF-ACTUALIZING
COSMOS

新范式医学坚持认为，运用我们从阿卡莎那里获得的信息，我们的身体健康状况不仅能得到维持，并且在需要时还可以重新获得。生命乃是由于生命系统与阿卡莎维中的信息相谐调和共鸣而出现的事物，它可持续地存在于宇宙之中。疾病和功能失常的原因乃是由于生命系统在接收和处理这类信息的方式上出现了错误。

出现在当前科学革命中的这一新范式不仅具有科学价值，而且还具有诸多实践意义。这些实践意义之一，也是最古老和最革命性的意义之一，与我们的健康密切相关。新范式医学坚持认为，运用我们从阿卡莎那里获得的信息，我们的身体健康状况不仅能得到维持，并且在需要时还可以重新获得。

有机体中的信息，生命状态的决定因素

人体由亿万个细胞组成，每个细胞每秒都会产生千百万个电化学反应。这种巨大的"生命交响乐"精确运转、极为协调，集中于完成最重要的维持有机体的工作，使之保持着物理上不太可能的生命状态。支配并调节这些能使有机体保持在生命状态的反应，乃是在身体中普遍存在的信息的功能。在这种背景下的信息并不是生物化学过程的次要附属物，而是支配和协调这些过程的因素。支配着有机体的这些信息在种类上各不相同，每一种类内部的因素也各不相同，而且健康的个体不同于有病的个体。正常细胞与癌细胞表现出不同的样式，健康的器官不同于有病的器官。

人们相信，身体中的信息受限于基因的信息，而基因的信息都有固定的生命周期。然而，生物学和医学中最新的发现表明，情况并非如此。支配器官功能的信息比 DNA 中的基因编码或遗传密码更为复杂且综合性更强，它并非是严格固定的编码，而有可能是具有适应性的和可修正的编码，甚至基因信息也是可修正的。虽然 DNA 中的基因序列是固定的，但影响身体的排序方式、方法则是可塑的和灵活的。它由后来逐渐生成的系统所支配，并且这种后来生成的系统是自动适应身体的。

COSMOS 阿卡莎世界

虽然 DNA 中的基因序列是固定的，但影响身体的排序方式、方法则是可塑的和灵活的：它由后来逐渐生成的系统所支配，并且这种后来生成的系统是自动适应身体的。

细胞在身体中复制的方式同样是可修正的——细胞的运作程序在同身体其他部位相互作用时会发生变化。现在科学家已经能够证明，细胞的这种信息，即"程序"，也可有目的地加以修正。

2009 年医学的最新发现表明，身体中的干细胞可以重新编程。如果这些细胞中有一些细胞由于重新编程而发生了突变——只是复制自身，它们就可以同有机体的其他部分重新整合。当它们被重新编程时，例如癌细胞，它们要么相继死去（通过凋亡，即被编程细胞的死亡），要么生成身体的功能部件。通过对干细胞重新编程而替代癌变和退化的细胞，许多种癌症和神经退行性疾病都能被消灭。这些以前致命的疾病如今已成为可治疗的疾病。

生命潜能的内源——阿卡莎"气吸引子"

根据阿卡莎范式，协调生命有机体功能的信息是海量的 A 维信息中的一种特殊类型。这类信息支配着整个显相世界中的活动、相互作用和反作用，也支配着生命有机体的功能。它们是正常有机体发挥作用的蓝图。

生命物种的有机功能蓝图出现在 M 维与 A 维之间的相互作用过程中。前面的章节叙述了 A 维作为 M 维中的内在形式系统和 M 维系统中的内化形式，消除了 A 维的形式。在这种相互作用中产生的信息保持在 A 维之中。A 维乃是 M 维的记忆，是显相世界的"阿卡莎档案"。

阿卡莎信息的海洋中包含着特殊的类型，它是有机体中健康功能的天然"吸引子"。这种类型是由一种物种与 A 维的长期相互作用所形成的，它是这些相互作用的持续记忆，并且它能对这种具有传承能力的基因规范进行编码。对人类而言，它相当于中医的气、印度哲学的能量或生命素或普拉那，以及传统西方医术的生命能。

不进入这种气、生命素或生命能，细胞的和器官的相互作用、反作用和转录的错误就会在身体中累积，并会导致更为严重的机能失常和最终中止。情况必然是这样（因为这个星球上的生物有机体是终有一死的），但是，这种特殊种类的"气吸引子"则会减缓这些退化过程，并能使有机体显现其内在生命力的全部潜能。

器官自我修复将指日可待

生命乃是由于生命系统与阿卡莎维中的信息相谐调和共鸣而出现的事物，它可持续地存在于宇宙之中。疾病和功能失常的原因乃是由于生命系统在接收和处理这类信息的方式上出现了错误。在许多情况下，这些错误可以得到纠正。这对保持健康和治疗疾病具有重大意义。在现代医学中，这种方式在很大程度上还尚未加以开发利用。

在传统社会中，为保持健康，人们更加有效地利用了这种阿卡莎气吸引子。萨满教巫医，即那些会治病的男男女女，以及精神领袖，显然精通于如何保护他们的部落、村庄或共同体中人们的身体健康。另一方面，现代的医生更擅长治疗疾病而不是保护健康。他们治疗疾病的方法依赖于人工方法：引入人工合成物和手术介入。依靠这种方法，现代医学延长了人的平均寿命，发明了治疗许多疾病的处理方法。但是，人工合成物和人工介入也造成了许多有害的副作用和不良后果。并且，它们使人们不再关注天然物质的治疗作用以及人与自然节律和平衡的亲密、和谐。

现代医学的方法有其自己的地位和作用，但是，它们并非永远是保持健康和治疗疾病的最佳方法。在疾病表现出来之前，有机体中已经有了信息崩溃或阻塞的状况，并且这些状况通过重新确立同有机体的阿卡莎气吸引子的谐振便能得到解决。这样做乃是治疗疾病的本质，而不是治疗疾病显示出来的症状。

阿卡莎范式表明，医疗工作者的首要任务乃是使有机体的 A 维相互作用适应 A 维信息的能力达到最佳顺应的程度。这就要求医疗工作者关注人与他们的社会环境以及自然环境的关系。家庭和共同体中的压力损害了有机体应对其环境中的不利条件和有毒物质的能力。它们干扰了有机体对阿卡莎信息的顺应，因而减少了有机体的生命力。

> **阿卡莎世界** THE SELF-ACTUALIZING **COSMOS**
>
> 在疾病表现出来之前，有机体中已经有了信息崩溃或阻塞的状况，并且这些状况通过重新确立同有机体的阿卡莎气吸引子的谐振便能得到解决。

患者在帮助下可以"适应"他们所处的自然环境。有机体是一种与其所处环境具有恒常的相互作用的身心系统，它不仅对来自 M 维的信息非常敏感，而且对来自 A 维的信息也非常敏感。这两种信息对健康都是至关重要的。在当今世界上，我们迫切需要恢复与 A 维的联系。我们的身体与特殊种类的气吸引子的联系越是充分，身体越是强健，抵抗有毒物质和负面影响的能力就越强。

> **阿卡莎世界** THE SELF-ACTUALIZING **COSMOS**
>
> 我们迫切需要恢复与 A 维的联系。我们的身体与特殊种类的气吸引子的联系越是充分，身体越是强健，抵抗有毒物质和负面影响的能力就越强。

若想使我们的身体更好地顺应这种特殊种类的气吸引子，有一些实用的方法，而一些精密复杂的设施则可以测量有机体中的能量和信息流。某些设备还能纠正这种流动的不足和阻塞，如由彼得·弗雷泽（Peter Fraser）和亨利·梅西（Henry Massey）发明的营养活力系统（NES）——"人体场"扫描仪这样的电子控制系统能记录人体中的能量流；射电电子仪——一种分析身体场信息的系统（叫作"IDF"，即内在数据场），正在试着重组人体的信息流。

顺势疗法是应用广泛的疗法，它运用信息来调整人体中的能量流和信息流，这种疗法是两百年前由塞缪尔·哈内曼（Samuel Hahnemann）最先提出来的。应用这种方法，治疗性的物质可大幅减少。在高于效能"D23"的应用中，没有单独的分子可能存在——然而在大多数情况下，这种治疗已被证明是有效的。

建立在哈内曼的发现基础之上的当代超能力实践，包括"超能力医学"，是由英格兰劳伦斯整体医学学会于2000年所使用的一种方法。该学会成员都是一些声誉良好的医生，他们使用一种钟摆来进行诊断，并决定治疗方式。这种治疗手法并非必然要与患者相沟通，而可以以一种遥测方式起作用，只需要某种"证据"——一根头发样本或一滴血样，来建立治疗者与患者之间的联系。另一种基于信息的方法是"新顺势疗法"，是由维也纳治疗师埃里希·科伯勒（Erich Koerbler）提出来的。科伯勒的方法利用了特殊设计的探测棒来获得有关患者状况的信息，并据此开方治疗。匈牙利治疗师萨希博士提出一种复杂的诊断法和运用科伯勒棒的治疗系统。不管患者是在现场还是在遥远的地方，她的方法效果一样好（参见与玛丽亚·萨希的对话）。

顺势疗法、超能力疗法和新顺势疗法只是当前发明的许多方法中的一部分，它们确证了信息在人体中的流动有缺陷，并有助于调整这些信息。它们的疗效不仅在于调整一个或另一个信息，还在于能使患者通过平衡的能量流和信息流而更好地适应自己的气吸引子。

支配健康器官功能的信息是我们所有人都能获得的。如果进入其中，那么我们就能纠正能量阻塞、发生故障和机能失常这些人体问题。阿卡莎范式应用于医学，能引导人们找到这些器官自我修复法。这些不同种类的自我修复法在传统社会中是众所周知的，但在目前几乎已经被人遗忘。

10
自由

THE SELF-ACTUALIZING
COSMOS

在相互联系的世界上，任何系统都没有绝对的自由。绝对自由不仅是不可能的，也是不值得追求的。自由并不在于"摆脱"外部世界的影响，而在于按照我们关于这些影响的意愿而"自由"地行动。如果我们不仅允许把我们与显相世界联系起来的感官信息渗透到我们的意识之中，而且认可从A维传到我们之中的更为微妙的洞见和直觉，那么我们就要进一步扩展我们的自由的有效范围。

人在世界上应有更多的自由，应当有比以旧范式为基础的科学使我们相信的更多的自由。我们是非定域性地相互联系的宇宙的有机组成部分，并且我们不仅与宇宙显现的维度相互作用，也与其阿卡莎维相互作用。这样要比仅仅与显现出来的维度相互作用获得更大的自由。

在相互联系的世界上，任何系统都没有绝对的自由。绝对自由预先假定了系统与世界其他部分完全没有联系，而在这个宇宙中，这是不可能的。绝对自由不仅是不可能的，也是不值得追求的。自由并不在于"摆脱"外部世界的影响，而在于按照我们关于这些影响的意愿而"自由"地行动。在后一种意义上，即使我们在相互联系和相互作用的世界上，也有很大程度的自由。

人类自由的范围

世界上的自由既不是空无也不是完全的，自由是一定程度上的自由。自由的范围不仅是由外部因素决定的，也是由内部因素决定的。外部因素限定着行为的范围。对人类而言，这些外部因素可以把有意向的行为的范围归结为生理上，以及心理和社会上可行的范围。内部因素是自由的要素。它们允许生命有机体根据这些可能方式的范围而选择自己的行为方式。外部因素与内部因素的相对权重，对于阿米巴虫与其食物供应有关的运动方面的自由，与人类选择想要的生活方式的自由来说是不同的。对阿米巴虫来说，外部因素完全处于支配地位，而对人类而言，内部因素则有重要意义。在生物系统中，这种自我决定的要素可能是极有意义的。

尽管在进化较少的物种中，从外部世界接收的信息主要是尚未区分的对世界的"感受"形式，但是在进化较多的物种中，对世界的感知则是通过丰富的信息流进行的，这些信息流可以同范围广泛的反应相结合。对人类而言，这种信息流作为一系列有意识的以及亚意识的、有理性的以及情感要素的明确表达的感知，可以得到进一步的区分。这便为范围广泛的反应提供了余地。

根据新范式，我们不仅可以认知从显相世界到达我们的信息，而且可以认知阿卡莎信息。我们可以选择这些来自两个方面的信息，并对之作出反应。我们承认，在这些信息中，有一些信息对我们的意识来说是关于世界的善意的知觉，并可排除其他无关的信息或者幻觉。在现代世界中，我们在意识中排斥大多数 A 维传达给我们的信息。这限制着我们对周围世界作出反应的范围，给我们的自由范围划定了界限。

THE SELF-ACTUALIZING
COSMOS 阿卡莎世界

在现代世界中，我们在意识中排斥大多数 A 维传达给我们的信息。这限制着我们对周围世界作出反应的范围，给我们的自由范围划定了界限。

强化人类追求自由的潜能

像其他生命系统一样，我们需要通过摄入并处理信息、能量以及我们视作物质的那些以量子为基础的实体，区别于热平衡和化学平衡，使我们保持在有活力的状态。这便需要对至关重要的信息、能量和物质流保持恒常的和高度的敏感性。为了使我们的自由能量不至于耗尽，使我们的活力不受损害，我们就必须选择在正确的时间选择正确的信息流，并把它们与正确的反应相结合。

阿卡莎世界 THE SELF-ACTUALIZING COSMOS

为了使我们的自由能量不至于耗尽，使我们的活力不受损害，我们就必须选择在正确的时间选择正确的信息流，并把它们与正确的反应相结合。

系统越是复杂，对于它要对其作出反应的信息的选择，以及系统对这种反应的选择就越具有决定性。我们通过处理我们从世界中接收的信息而获得这种"刺激-反应耦合"。我们的自由被强化的程度已经达到了这种信息可以被很好地处理的程度——各种信号被恰当地选择、被清晰地区分，并精确地与此类反应相结合。

我们自由的一个方面是有目的地选择那些能作用于我们的影响，另一个方面在于选择我们的反应。在相对简单的有机体中对外部刺激的反应，在很大程度上是预先编好程序的，而在人类中，这种反应则是以一系列"中介变量"或"干扰变量"为转移的。这些只是部分地受我们的意识所控制。

大量亚意识或潜意识变量也会决定我们对到达我们的信息的反应。这包括隐参数和尚未审视过的价值观、文化倾向和大量获得的或传承下来的学问、先前的概念和前见。它们改变着那些决定我们根据世界对我们的显现而对世界的反应的因素。它们突出了世界观、价值观和伦理观至关重要的作用，因为这些因素是人的自我决定的因素，所以是自由的因素。

意识可以延伸到我们的自由之中。如果我们有意识地采用了这些想象出来的世界观，并有意识地促使这些想象的目标和价值观对我们的生命施加影响，那么我们的自由就会获得附加的目标指向维度。如果我们不仅允许把我们与显相世界联系起来的感官信息渗透到我们的意识之中，而且认可从 A 维传到我们之中的更为微妙的洞见和直觉，那么我们就要进一步扩展我们的自由的有效范围。

除了产生于外部世界之中的信息以外，我们还能对我们自身产生的信息作出反应。作为有意识的存在，作为具有抽象思维和想象力的存在，我们不必有实际的经验就能想象各种事件、人物和条件。我们能以对来自外部世界的信息的反应相同的方式来对这种自我产生的信息作出反应。我们可以回顾过去和想象未来，我们不会局限于此时此地。我们不仅能对某种行动作出反应，而且也能在某种行动之前就采取行动。

我们的这种自由要素，通过认可从 A 维传给我们的信息，就可到达我们的意识，并可得到很大的扩展。阿卡莎信息是非定域性信息，可能会产生于任何时间和地点，并能同世界上的任何事物有关联。**我们与这种信息的联系可使我们超越此时此地，达到任何时间的任何事物。**

11

善

THE SELF-ACTUALIZING COSMOS

在一个相互联系和相互作用非常强烈的世界上，对一个人是善的事情对他人也是善的。我们发现，善就是重新获得我们的内在的和外在的相干性——我们的超相干性。这并非是乌托邦式的愿望，而是能够达到的现实。然而，它呼唤我们的思维方式和行动方式要作出重大改变。

我们具有把握这个星球上任何存在的自由的最高潜能。作为有意识的存在，我们可以意识到这种自由，并有目的地利用它。我们在此强调的问题，关系到对这种自由的人道和道德的最佳利用。

道德被囊括在这个话题之中，这乃是因为我们如果能选择自己的行动方式，那么就有责任作出明智的选择。显然，我们能够行动以使自己的利益最大化，而这正是大多数人在大多数时间内的所作所为。但是，我们也能在权衡利他主义和公共精神的基础上行动。以这种方式行动也许与我们的自身利益不矛盾——至少与我们文明的自身利益不矛盾。

自身利益使我们寻求满足我们的直接欲望和愿望的手段，如果我们的欲望和愿望是健康而合理的，那么便会万事大吉——此时我们的欲望与愿望相一致。在一个相互联系和相互作用非常强烈的世界上，对一个人是善的事情对他人也是善的。但是，什么才是真正文明的利益和愿望呢？

"善"的真谛——超一致性

哲学家们对于世界上什么是真正的善这一观点已争论了 2 000 多年，

然而迄今并没有确定的答案。在西方哲学中，经典的经验主义观点早已流行：对善恶的判断是主观的，不能被明确地决定。在最理想的情况下，它们可能与既定的人、既定的文化或既定的共同体所坚持的什么是善的观点有关联。但是，这同样也是主观的，甚至这种主观性与同一群人有关——此时，它是主体间性的。

根据阿卡莎哲学，我们能克服这种僵局，走出这条死路——我们能发现善的客观尺度。这些尺度不具有逻辑和数学的确定性，但它们不同于主观的或主体间性的标准。它们的客观性如同任何关于世界的陈述所能达到的客观性一样。它们关系到那些能确保相互联系和相互作用的宇宙中的生命和幸福的各种条件。强化这些条件在客观上是善的。这些条件可以被简要地描述。

THE SELF-ACTUALIZING **COSMOS 阿卡莎世界**

我们能发现善的客观尺度。这些尺度不具有逻辑和数学的确定性，但它们不同于主观的或主体间性的标准。它们的客观性如同任何关于世界的陈述所能达到的客观性一样。它们关系到那些能确保相互联系和相互作用的宇宙中的生命和幸福的各种条件。

如上所述，生命有机体是远离热平衡态的复杂系统，它们需要严格的条件来维持自身处于生理上不太可能和内在不稳定的条件之中。对它们而言，善首先要具备这些条件。生命是最高的价值。但是，如何才能确保生命是这个星球上的复杂有机体呢？要描述所有需要的事物，将会需要很多著作来阐述。但是，有一些基本原理适用于所有生物。

每一种生命系统必须确保可靠的方式维持其生存所必需的能量、物质和信息，这便需要调整其所有部位来服务于如下共同目标——维持作为生命整体的系统。"相干性"一词描述了这种要求的基本特征。各部分非常协调的系统是具有相干性的系统。相干性意味着系统中每一部分都能对其他每一部分作出反应，能补偿偏差，并能强化功能性行动和关系。为一个人的自我寻求相干性，这是一种真正健全的愿望。在我们看来，这无可置疑地是善。

阿卡莎世界 THE SELF-ACTUALIZING
COSMOS

为一个人的自我寻求相干性，这是一种真正健全的愿望。在我们看来，这无可置疑地是善。

但是，在一个相互联系和相互作用的世界上，对相干性的要求不会停留在个体上。生命有机体既需要内在地具有相干性，连同调整好其内部的各个部位，也需要外部的相干性，即需要调整好与其他有机体的关系。因此，生物圈中有生命力的有机体既在个体上有相干性，也在集体上有相干性，它们具有超相干性。超相干性要求的条件是，一个系统在这些条件中不仅其自身是相干的，而且相干地与其他系统相联系。

生物圈乃是超相干系统所构成的网络。任何物种、生态或个体，若其本身不是相干的，并且与其他物种的关系不是相干的，那么其生态就会在繁衍战略上处于不利地位，它们就会被边缘化并最终死亡，被自然选择的残酷机制所消灭。

这一规则的例外情况是人类。在最近几百年间，尤其是在最近几个世纪，人类社会逐渐地变得不具有相干性，不仅相互之间是不相干的，而且同环境之间也不具有相干性了。他们内在地分裂，其生存于其中的生态环境也遭到严重破坏。不过，人类社会仍然能维持自身的稳定，甚至在数量上还在增加，这是因为他们通过人工手段补偿了它们的不相干性：他们利用强大的技术来平衡自己所带来的病态——诚然，这是有限度的。尽管在过去这些限制主要表现在局部地区，但是今天这些限制在全球范围内也出现了。物种正在灭绝、这个星球的生态系统的差异性正在减少、天气在变化、健康生命所需要的条件在减少。这个星球上的人类系统正在接近可持续性的边缘界限。

我们现在可以说在这个重要的时代，什么是真正的善了。**善就是重新获得我们的内在的和外在的相干性——我们的超相干性。**这并非是乌托邦式的愿望，而是能够达到的现实。然而，它呼唤我们的思维方式和行动方式要作出重大改变。

"善"的觉醒，追寻"善"的最高价值

若想有效地实现超相干性，不仅需要发现技术上的解决手段，从而修补和解决由于我们的不相干性所造成的各种问题，还要求我们重新树立传统文化所具有而现代社会已丧失的思维定式。这种思维定式建立在我们相互之间以及我们与自然之间的深层整体感之上。

在当今世界，许多人已感到我们彼此之间以及我们与世界之间的疏离和隔膜，年轻人称之为二元对立。二元对立的普遍盛行带来了严重后果。感到这种疏离和隔膜的人通常会以自我为中心，自私自利；他们感受不到与他人的联系，感受不到对他人的责任。由这种二元对立感所激发的行为造成了残酷的竞争，爆发出了愚蠢的暴力和愤怒，并且不负责任地造成了

生存环境的退化。这种思维定式支配着现代世界，然而各种迹象表明，现代世界正在失去对个人和社会的掌握。

更多的人，尤其是年轻人，正在重新发现他们彼此之间以及他们与世界之间的整体联系。他们重新发现爱的力量，重新发现爱不仅仅是性交的欲望，还是一种彼此之间以及与宇宙之间深厚的归属感。这种重新发现恰逢其时，并且不仅仅是幻想——它植根于我们的全息整体，植根于相互联系的非定域性宇宙。

爱是达到超相干性的方式。获得爱可以增进健康、强健体魄，并有益于社会和生态。它所引发的行为和愿望不仅对我们有益，对他人有益，而且对整个世界有益。

超相干性乃是客观之善，是哲学家称之为"善"的最高价值。

医学变革的"软"进路，通过阿卡莎维的治疗

玛丽亚·萨希

心理学家，治疗师，布达佩斯俱乐部的科学指导

拉兹洛：用信息而非生物化学物质和介入方法来治疗，这是医学上的一条"软"进路——这个治疗方法不是要替代主流医学，而永远是对医学的一种补充手段。过去，我根据阿卡莎范式原理相信，这种治疗可能是一种逻辑干涉，并且这种干涉通过我对你所实践的治疗方法的体验而极大地加强。甚至在我偶然遇到用信息治疗的病例之前，不论在附近治疗还是在远距离治疗，你都可以发现这种治疗方法的功效。我们的出发点不同，但我们却殊途同归。你的方法是有重要意义的，因为它从实践上和实验上对构成阿卡莎范式的原理是否可靠提供了确证。

我在本书第 9 章曾指出，通过阿卡莎维或 A 维来治疗应当是可能的。你正在实践某种形式的治疗，在我看来，这种治疗精确地运用了这种信息。我愿意与你一同探索这种

方法是如何发挥作用的。请允许我问你几个问题。我首先想知道，你是如何发现除了标准的西医治疗方法以外，还有其他治疗方法的呢？

萨希：在我年轻时，我曾作为助理研究员从事音乐和艺术心理学方面的研究。那时，我就有了生命和心灵转变的体验，并且正是这种体验使我踏上了治疗之路。出于友谊和求知欲，我与一位朋友一起工作了多年，她是一位我共事多年的同事的妻子，她的健康状况根据标准的医学来看不甚理想。她访问过一位乡下的老牧师，这位牧师以使用超常规的现代医学实践的治疗方法而闻名。这位牧师叫作佩特·路易斯（Pater Louis），他用一个钟摆来诊疗。当他检查完我的朋友时，他对我说："亲爱的孩子，你的健康状态非常好，只是大蒜对你来说不适合。"在那一时刻，佩特·路易斯站在我身后，手握他的钟摆。我没有请他检查我的身体，然而他自然地发现的症状完全正确。他怎么知道我受不了大蒜的味道、受不了所有含有大蒜的食物？自从我记事时起，我就受不了这个味道。我问路易斯，建议我吃什么。他告诉我不要吃肉、不要喝牛奶，也不要吃面包和糖。我后来发现，这种饮食方式恰恰能使人长寿。我听了他的话，我的生活于是发生了巨大的变化。自此以后，我精力充沛、充满活力、越来越健康。从此，我成为这位神奇的牧师的忠实信徒。

我开始阅读与东方康复方法有关并能促进长寿的著作。我有良好的治疗基础，因为我曾花了 4 年时间在大学学医。我开始研究各种植物嗅闻法和医疗探测术。然后，我去阿姆斯特丹正食学院（Kushi Institute）接受养生师和治疗师的训练，并继续研究鲁道夫·斯坦纳（Rudolf Steiner）的著作。我开辟了一条引领自己走上一条双重事业的道路：社会科学和替代性治疗。

拉兹洛：这种生命与心灵转化体验启动了你的第二个职业生涯。但是，你是如何坚持下去的呢？你是如何获得你现在掌握的知识和技能的呢？

萨希：令人感到更加惊奇的事后来在我身上发生了。在与路易斯相遇 4 年之后，我父亲去世了。在那个时候，他生活在奥地利，我并非每天与他联系。然而，在他去世后，我有明显的感觉，感到非常沮丧和担忧。我与我父亲关系方面的许多细节变得明朗起来，这使我确信我们能体验到在这个世界之外存在着另一个更深的维度。通过与朋友的交谈和我自己做的实验，我逐渐明白在这个维度里发生的所有事情都被记录下来，并且所有事情都仍然能被经历。这不仅有助于理解随着我父亲之死我具有的感觉，而且有助于理解路易斯何以能处理向他请教的人的问题，不管这些人离他近在咫尺，还是相距甚远。因为他确实是在远距离给人治疗——如果某人不能亲自去他那里诊治，那么他或她可送一张照片来，路易斯用他的钟摆放在照片上，正如他诊治在他面前的人一样。这种诊治方式同样有效。

在我的治疗师之路上还有一座里程碑，这就是我有幸遇到了奥地利科学家和治疗师科伯勒。他提出了一种治疗方法，叫作新顺势疗法。科伯勒是根据中医原理来诊断患者状况的。他设计了一根特别的探测棒，通过这根探测棒的摆动来表示患者的症状。这根探测棒有 8 种不同的运动方式，这些不同运动方式能使科伯勒获得患者精确而详细的能量状态图。他发现他的方法是通过电磁场而起作用的。在他的一根探测棒的帮助下，他测量出了从患者身上发出的电磁辐射。他不断实验，发现某些几何形式的功能是患者电磁场中的"天线"。这些形式可影响身体，并能纠正有缺陷的信息。它们能使身体达到更为健康的状态。科伯勒的"矢量系统"位于坐标系内探测棒的运动之中。观察这根棒的运动可提供既定物质或其他进入患者机体中的东西与患者身体相容或不相容的标志。与机体的健康功能相适应的物质和输入物由一种运动来表示，而不同程度不利的有害输入物，则是由不同种类的精确限定的运动所表示的。

这根探测棒的运动还可表示有害输入物的原因及其严重程度。

我与科伯勒一起工作了 3 年。在他因意外而逝世之后，我继续在匈牙利以及德国、瑞士、奥地利和日本讲授他的方法。

拉兹洛：科伯勒的方法是了不起的，并且如你所见，他的方法疗效显著。然而，它是一种定域性方法，需要患者在治疗者旁边接受治疗。但是，如果我没有弄错的话，这种方法就像路易斯依靠钟摆的方法一样，可以远距离使用。你是否能告诉我，情况确是如此？并且，如果是这样的话，它是如何起作用的？

萨希：我先讲一下背景，说明我是如何既能在近距离也能在远距离使用科伯勒的方法的。

有关科伯勒的方法非常有效的传闻不断地传开，科伯勒去世后，越来越多的人向我求助。他们中许多人在国外生活，不能亲自前来找我就诊。于是我发现，我也能远距离治疗他们，只要使用他们的照片就行了。

因此，我逐渐熟悉了英格兰超能力医学学会成员所使用的治疗方法。他们用钟摆来诊断患者，并用顺势疗法来达到治疗效果。他们使用一种特殊的图表来观察钟摆的运动，这使他们掌握了诊断和治疗的关键。这种工作原理类似于科伯勒的矢量系统，但是，这些医生只在远距离治疗患者。他们从患者那里获得某种蛋白质样本 —— 例如，一滴血液，几根头发。用这些样本，他们可以达到与亲自检查患者相同的结果。我与超能力医学学会共同工作了 9 年，在这段时间里，我掌握了有关他们方法的所有知识。

在随后那些年，我精心推敲远距离治疗的技巧，把科伯勒的几何形式与超能力医学学会的远距离治疗方法相结合。当我与患者面对面时，我应用这种相结合的方法。同时，在我面前只有他们的照片时，也用这种相结合的方法。当我亲自检查我的患者时，我也可以不用他们的照片——我可以完全把精神集中在他们身上。

拉兹洛：你说当你与患者接触时，你会接收到有关他们身体状况的信息，并且这种信息是通过阿卡莎维到达你身上的。这些信息是否有可能直接来自患者本人呢？

萨希：如果这些信息直接来自患者身体，那么这些信息就应当是有关他或她当前状态的信息。但是，我接收到的信息是来自患者生命中任何时间里那些状况的信息——来自于他们刚刚出生，甚至来自于他们出生之前，在子宫中妊娠期时的信息。我可以集中精力看到我想看到的患者生命中的任何阶段，并观察科伯勒棒的运动。用这种方法，我可以探查到同患者健康问题直接相关的时期——因为大多数健康问题都能在发生于我们的生活历程的事情中找到其根源。我经常能够通过独立信源——例如，通过患者母亲，或者已发生事件的另一目击证人来证实造成这种健康问题的事件真相。此时，我会尽力纠正这种信息的负面效果，方法是应用科伯勒所发现并由我本人加以发展的治疗形式。如果我是成功的，那么症状很快就会消失（例如，神经性皮炎、慢性咳嗽和常见的寒症），或者会需要几周时间。

根据这种方法，我解决了问题的原因而不是其后果。解决各种后果——这是标准医学实践所做的事情，需要当下的信息，即患者当下状况的信息。但是，处理原因则需要非当下的信息，这种信息只能来自于 A 维。

拉兹洛：当你远距离治疗患者时，你对所发生的一切是如何理解的呢？正如我们现在所看到的那样，这种远距离治疗是否既可以是空间上的，也可以是时间上的，你发出的信息如何能对患者的身体起到实际作用呢？

萨希：正如你在你的著作中所写的那样，个人的能量场都是与阿卡莎维不断地发生相互作用的。就像所有量子和多元量子系统一样，有机体嵌入在充满

阿卡莎世界 THE SELF-ACTUALIZING COSMOS

个人的能量场都是与阿卡莎维不断地发生相互作用的。

物质的空间中，类似于船舶在大海中航行。大脑的接收网络与这种充满物质的波场之间存在着恒常的信息沟通。

一代又一代人与 A 维的信息沟通便创造出特殊的模式。在人类的一般模式中，也有个体的特殊模式，这就是个体的"动力学形态模式"。在我看来，每一个体都有自己的动力学形态模式。这种模式是包含一切的，它把所有事件都进行编码，这些编码影响着该个体，包括隐藏在他或她的意识之中的神经网络的行为。它一方面对物质性的身体特征进行编码，另一方面对心灵和意识的特征进行编码。这种个体的动力学形态模式就是该个体的阿卡莎气吸引子。

只要个体的身体状况符合这种气吸引子的规范，他或她就是健康的，就是有活力的。只要有机体状态有任何偏离气吸引子规范的情况出现，那就意味着生命能量的削弱，就会成为疾病的前奏。这种偏离如果没有得到纠正，那么疾病就会随之而至。

拉兹洛：这种特殊种类的动力学形态模式——阿卡莎气吸引子，如何促进患者的健康，并对患者产生疗效呢？

萨希：当治疗师向患者发出治疗信息时，他或她就会强化患者身体与气吸引子之间的匹配。由于这种得到强化的匹配，患者的免疫系统会变得更好，从而能维持常态限度内身体的功能，形成充满活力和健康的条件。

拉兹洛：诊断患者的状况并治疗其问题这种异地诊断患者的方法，一般人可以学会吗？任何人都能使用这种方法吗？还是这种方法需要具备医生或治疗师的资质？

萨希：你知道，通过阿卡莎维进入另一个人的身体和心灵，任何人都是可以做到的。但是，通过这种联系来治疗则需要具备医生或治疗师所掌握的那样的健全知识。我集中关注患者时，就可以进入患者的能量和信息场，但是，我不能保证治愈他们，除非我完全掌握了患者的健康问题的本质。只有这时，我才能提出治疗所需要的平衡方面的建议。我需要有合理的方法来处理此类问题，以便获得高质量的诊断结果。并且，这需要掌握治疗系统的用途，例如，由科伯勒发明的矢量系统之类仪器的用途。

拉兹洛：你对那些你治疗的人有个人感情方面的投入吗？在这方面，是一种治疗的必要条件吗？

萨希：我的大脑必须清醒，我必须衷心地希望能治好病人。但是，我不必过度地卷入与那些我治疗的人的关系——我必须使自己与患者保持一定距离，以保证接收到的信息没有偏见。我需要对这些信息保持开放心态。我可以接收到问题的本质，接收到治疗的本质，在坚持疗法的情况下，还要接收到所需要的治疗的剂量和效能。只有保持开放心态、能接收到毫无偏见的阿卡莎信息并且恰当地运用其知识，我才能可靠地和有效地进行治疗。

拉兹洛：关于你和患者之间的联系——以及你与产生这种联系的世界之间的关系，你的治疗经验能告诉你什么呢？

萨希：实践这种方法对我而言是巨大的满足。日复一日、年复一年，我对这些结果保持惊奇，并十分感激我能取得这些结果。对我而言，这是明显的证据，表明我们是更大的整体的组成部分；我们所有的人之间都有微妙的联系——我们可以积极利用这种联系。它表明我们不仅能接收来自世界的信息，而且可以用我们的心灵和意识来塑造这个世界。并且，我们能负责任地塑造世界，能保持我们自己和他人的健康，并有助于治疗困扰这个世界的种种不和谐以及对这种联系的破坏。

阿卡莎范式，一个 21 世纪最有可能的故事

斯坦利·克里普纳（Stanley Krippner）

人类学家，人本心理学家

　　20 世纪的标准宇宙学讲述了一个自大爆炸开始的故事，这个大爆炸是创造宇宙的一个单独事件。在此之后很久，大爆炸形成的巨大旋涡便成为星空。之后，至少有一个太阳系出现在宇宙太空，其中有一个行星能形成和维持生命。

　　这个故事取代了早期那些把宇宙的创生归之于诸神（或单一神）的故事，这些故事中伴随着精细的机制，诸如本轮。人们虚构出这些机制是为了保持这样一个概念：地球是太阳系的中心。当这些故事被阐明或者被拆穿之后，再讲一个故事并非易事。早期的故事讲述者之一为此付出了他的生命，而另一位讲述者则被终生监禁。20 世纪的故事讲述者把这些早期的故事看作虚构的迷信，把科学的崛起引以为豪，即把科学当作构造这些创造性故事的指南，把这些故事建立在理性化的逻辑、经验观察和仔细构造的实验基础之上。然而，正是这些工具揭示了 20 世纪的故事也有其自己的本轮，即其机制并没有坚持进入这一图景之中的量子力学。

　　在这部杰作中，欧文·拉兹洛讲述了一个 21 世纪的故事，是由来自古印度的早得多的故事所激起的一个叙事，即阿卡莎记载。或许这是第一个说明非定域性的"万有理论"。非定域性是 20 世纪标准宇宙学中所没有的术语，而在一个世纪后这个术语却成为最重要的术语。物理学家观察到，在微观层次相互分离的亚原子粒子在很长的距离上仍然会发生相互作用，但是他们却声称这是一种有趣而不重要的现象，并以此为借口而把这种现象淡化了。而实际上，在任何事件中，宏观层次的现象都不会重复。

然而，各种材料开始在物理学、化学、生物学和超心理学的"声名狼藉的"领域中积累着，非定域性的事件跨越了微观与宏观的峡谷。时间、空间和叫作"意识"的转瞬即逝的构造都在忙于进行量子物理学家大卫·玻姆称为"全息运动"的跳跃。实际上，玻姆是那些首先提供了曾被抛弃的叙事的人物之一，但是这也许确保了他在科学哲学史中的地位。

通过描述玻姆、薛定谔、爱因斯坦和许多其他人物，拉兹洛的故事告诉我们，阿卡莎世界既是定域的世界，也是以非定域性相互联系和相互作用的世界。阿卡莎世界包括着宇宙中囊括存在于其中的所有事物的维度。它不仅囊括所有事物，而且生成万物，使万物相互联系。

某些坚持特殊教条主义偏见的人会读到这个故事，并会假定这个维度会支持诸如创造性科学或智能设计之类的神话故事。这种理解实际上离题万里。阿卡莎宇宙是一个自组织整体，它会创造其本身。这会使人回忆起查尔斯·达尔文在《物种起源》中的最后陈述。达尔文在结束他的故事时评论："全神贯注地观察一个错综复杂的沙洲是非常有趣的——四周遍布各种各样的植物，各种鸟类在灌木丛中鸣叫，各类昆虫在其间穿梭，蠕虫爬过潮湿的土地。想一想这些精巧地构造起来的形式，它们彼此非常不同，然而又以如此复杂的方式相互依赖着，它们都是作用于它们的法则的产物。"

考虑到达尔文所处的时代及其知识，可以说他非常接近于描述非定域性。但是，他在宣称如下论断时正切中要害："这种生命景象宏伟壮观。"通过卓越地修正布鲁诺、哥白尼、伽利略、达尔文、爱因斯坦和其他人的观点，考虑到柏拉图曾经警示我们，关于实在的本性的最优设计的说明也只不过是一种可能的故事，拉兹洛如今以充分的理解告诉我们，阿卡莎范式是我们今日所能讲述的最可能的故事。

更高的美德和更高级的意识之路

迪帕克·乔布拉（Deepak Chopra）

医生，国际思想领袖

阿卡莎不是电磁场或物理场。严格地说，它是一种超自然的意识领域，整个宇宙就是从这种意识中产生的，并且要复归于它。

理解拉兹洛关于阿卡莎范式的工作可以为诸如真、善、美、和谐与抱负之类的理想观念提供洞见。这会引起自然产生的而不是强加的、来源于我们更高的自我经验的美德。它们对宇宙最根本的性质提供了科学的洞察力。在根本层次上，宇宙不只是空间、时间和能量、旋转与负载，不是物理学家所谈论的所有事物。阿卡莎是建造进化的、日益成熟的心灵的基本材料，甚至对它的理解会打开通向更高的美德和更高级的意识之路。

进入整个时代的思维模式

肯·威尔伯（Ken Wilber）

哲学家，作家，整合研究院创建人

欧文·拉兹洛的新著受到热烈欢迎有许多原因。首先，他的基本主张——有一个超宇宙全息场，在大体上尚未显现的维度上运行，它统一着所有显现的事物，并且是整个显现领域出现于其中并复归于它的现实基础，并且最终它还要为宇宙本身的一致性负责——这是整个世界的神秘传统都非常了解的形式。（在整体理论中，它是因果关系之维，是由《楞伽经》叫作"瓦萨那斯"[vasanas] 的东西构成的，或者是贮存每一种事物和曾经发生之事件的仓库。因而反过来通过其一系列因果关系产生的"下降"版本，既能产生微妙而精细的现象，也会产生粗糙的或物质的现象。）

但是，造就拉兹洛的这种因果关系场版本的行为——他恰当地把它与古代的阿卡莎学说相联系，是他根据传统科学中近年来发展起来的"核心"广泛地讨论了这个场。你可以说，他对精神实在给出了一种非常严密的第三人称说明，并且他认为，这种精神实在也可被冥想中的第一人称关系体验到，在"我与你"之间的直觉与魅力中还可以第二人称关系体验到。拉兹洛列举了现代科学中的许多不足，现代科学绝对会被这种整体的、相互联系的、全息的、超光速的、非定域性的和超宇宙的（能在多元宇宙和多元宇宙事件中幸存下来）新范式惊讶得尖叫。这并非是新世纪糊涂的思辨，而是充满思想、仔细认真、充分陈述的思想突进。这一思想猛烈地冲进了现有科学中最令人尊敬的领域，冲进了科学的最前沿。

拉兹洛是一位极为罕见之人，他既精通科学，又精通精神和灵学领域的知识。正如他所指出的那样，科学越是变得成熟，就越是灵学性的；而灵学越是变得成熟，就越是科学性的。数个世纪以来，这两者之间势不两立的斗争状况如今已然过时了。说明灵魂与神的统一所必需的同一个统一原则，对说明人体的一致性和同步性，或者 M 理论，或者宇宙学与生物学本身，同样是必需的。拉兹洛深谙此理，并且他的伟大天才之处还表现在，他所提出的每一科学假设都可以在精神背景下得以检验，反之亦然。这正是引领我们进入真正的整体时代的思维，拉兹洛因而成了我们这个时代的伟大先驱之一。

我强烈地把本书推荐给专业人士和业余爱好者，同时，本书也是人们了解拉兹洛其他同样有重大意义的著作的良好起点。

附录一

非定域性与相互联系：证据考察

我们先回顾一下爱因斯坦对科学的定义：科学是人类寻求能把观察事实联系在一起的、最简单一致的思想体系的努力。比起以前的范式，科学家能通过阿卡莎范式把更多的观察事实联系在一起。阿卡莎范式所包含的事实在科学家看来是反常的，然而它却能证明整个自然界中各种尺度的和异常复杂的非定域性联系。

在本附录前三节中，我们致力于评论说明这种新范式有效性的各种证据——哪怕只是部分初级的证据。这些观察所揭示的场是广阔无垠且无所不包的。它们包括：（1）量子世界；（2）生命世界；（3）最大维度的宇宙。

量子世界中的非定域性和相互联系

量子是迄今人们所知物质世界的最小存在，它们的活动方式不同于日常的物体。只有当观测工具或行为作用在量子上时，这些量子才要么具有确定的位置，要么具有确定的状态，并且在整个时空中非定域性地相互联系着。

奇异的量子世界

量子态是由波函数来定义的，这种波函数表征着某个量子所有可能量子态的叠加。量子的叠加态是原始状态，其中没有任何相互作用。这种原始状态可能发生变化，这种变化既可以仅仅存在一毫秒，使介子衰变为两个光子，也可以如铀原子衰变一样存在一万年。不管其时间持续多久，都可以把它当作以量子钟一声滴答譬喻的叠加态。根据量子理论的哥本哈根解释，实在（或任何情形中的时空）在量子钟滴答声中还不存在。只有在结束时，即波函数塌缩，并且量子从不确定的叠加态转变为经典的确定状态时，它才存在。

究竟是何种东西造成了波函数的塌缩，科学界迄今还不清楚。尤金·维格纳（Eugene Wigner）推测，这是由观测行为本身所造成的，观察者的意识与这类粒子发生了相互作用。然而，事实证明，观测设备也能给予波函数至关重要的扰动——不论观察者是否在场，波函数都会塌缩。

量子世界"奇异性"的另一面，即海森堡（Heisenberg）不确定性原理所陈述的奇异界限已经被消除。海森堡提出的这一著名原理告诉我们，量子态的全部属性不可能同时被测定。当一种属性被测定时，另一相关属性就成为不可测量的了——它模糊不清，它的值可能会趋于无穷大。然而，实验已经证明，事实并非必然如此。2011 年在加拿大国家研究委员会（Canada's National Research Council）进行的一个实验表明，有可能同时测量某些量子态中有强关联性的一对变量（"共轭"变量）。这个报告是由美国罗彻斯特大学（University of Rochester）和加拿大渥太华大学（University of Ottawa）的研究人员于 2013 年提出的。他们运用新工具测量了量子态中共轭变量中的一个，这种测量非常弱，因而不会严重地干扰量子态。在这种情形下，第二个共轭变量同样可以被测量，因为从与那个变量相对应的量子态的这一方面所接收到的信息仍然是有效的。①

鉴于在 20 世纪归之于量子世界某种奇异性的性质无法被证实，这种量子层次上的纠缠现象已越来越明显。量子世界同空间纠缠在一起，而现在我们将认识到，它与时间也纠缠在一起。量子层次的世界完全是非定域性的。

著名的非定域性实验

量子世界中的非定域性表现在一系列实验之中，相对于量子之前的经典范式来说，每一个非定域性都比另一个更加反常。

这一系列实验肇始于托马斯·杨（Thomas Young）在 19 世纪早期的探索。杨使相干光通过有两条细缝的干涉平面。他在这个平面的后面放置了一个屏幕，以接收进入这些细缝中的光线，结果他发现了屏幕上出现了干涉条纹。这似乎表明光子以波的形式通过两个细缝。但是，在光源如此微弱，以致一次只有一个光子射出的条件下，这怎么可能会发生呢？一个单独的光能波包可以像粒子那样活动，它应当只能通过一条细缝。然而即使在这种情形中，干涉条纹也会在屏幕上变亮。一个单独的光子难道也能像波一样活动吗？

约翰·惠勒（John Wheeler）在 20 世纪七八十年代做了一系列更为精确

---

① 2013 年 6 月 25 日，《自然》杂志报道，约克大学（University of York）的保罗·布施（Paul Busch）提出了关于海森堡不确定性原理某些方面的实验证据。但是，他同时也认识到，还有其他一些理论和实验，包括如今日本名古屋大学的小泽正直（Masnao Ozawa）的理论和实验，表明这个原理有可能会被违背。

和复杂的实验。在惠勒的实验中，光子被设计为一次只发射一个，并且从发射枪传到探测器。当光子击中探测器时，它就会发出一次滴答声。一个半面镀银的镜子嵌入在光子路径上，这就把光束分开了，光子以相等的概率穿过镜面或被反射。为了确证这一概率，当光子击中时就会发出滴答声的光子计数器被放在这面镜子背后，并且与它成合适角度。我们预期，平均每两个光子中有一个会沿着一条路径前行，另一个沿着第二条路径前行。这也被实验结果确证了：两个计数器记录的滴答声数目大体相同——光子的数目因此也大体相同。当第二面镜子被嵌入在由第一面镜子没有使之偏斜的光子路径上时，人们将会仍然期望听到两个计数器保持同样数目的滴答声——单独发射的光子只会交换目的地。但是，这种期望没有被实验证实。在两个计数器中，只有一个有滴答声，另一个根本没有滴答声。所有光子只到达同一个目的地。

显然，单独发射因而被设想为粒子的光子作为波在相互干涉。在这些镜子中的一面上，它们的干涉现象是破坏性的——光子之间的相位差是$180°$，因而光波相互抵消了。而在其他镜子上，这种干涉则是建设性的——这些光子的波相是相同的，因而它们相互强化。

在实验室中间隔瞬间而发射的光子的这种干涉现象，在自然界中当光子以相当大的时间间隔发射时也会发生。惠勒的"宇宙学"版本的实验对此作了证明。在这个实验中，光子不是通过人工光源，而是由遥远的恒星发射的。在一个实验中，由被称为0957+516A、B的类星体所发射光束中的光子被得以检验。这颗遥远的类星体被认为是一颗恒星而不是两颗，我们看上去的双像是由位于其与地球之间大约1/4距离的干涉性星系造成的光程差所引起的。（星系的存在，如同每一种质量一样，被认为弯曲了时空基质，因而弯曲了通过它而传播的光束路径）这种由"引力透镜"作用而引起的偏差非常大，足以把几百万年前发射的两条光线带到一起。具有干涉作用的星系造成偏差的光线传播所增加的距离，使得弯曲的光线比直线传播的光多旅行了 5 万年。虽然它们同样产生于数百万年前，但是到达地球却有 5 万年的时间间隔。这两条光线彼此发生干涉，仿佛是构成它们的光子在实验室中间隔几秒而发射时一样。显然，不论光子是在实验室中间隔几秒发射，还是在宇宙之中间隔数万年发射，那些产生于同一光源的光子都会产生干涉图样。

光子和其他量子的干涉极为脆弱，与另一系统的任何关联都会摧毁这种干涉。最新的实验提出了更为令人吃惊的发现。这种实验证明，当实验设备的任何部分与光子的来源相关联时，表现它们之间相干涉的条纹就会立刻消失。光子的行为就像经典物理学中的粒子一样。

人们进一步设计了一些实验，以便确定一个既定的光子是通过哪个细缝传播的。结果是，一旦这种设备被使用，干涉条纹就会减弱并最终消失。这个过程可以校正——放置在路径上探测器的功率越大，其干涉条纹消失得就越快（Wheeler，1984）。

更令人吃惊的现象也出现了。在有些实验中，探测器一准备好，这些干涉条纹就立刻消失了 —— 甚至当这些设备还没有开启时，干涉条纹就立刻消失了。在伦纳德·曼德尔（Leonard Mandel）于 1991 年的光学干涉实验中，两束激光被产生出来，并允许干涉。当探测器存在，能确定光的路径时，那些干涉条纹就立刻消失了。但是，不管这种确定是否实际进行，干涉条纹都会消失。看来，对于"哪个路径探测"使光子的波函数塌缩这一问题，最有可能的答案是：这个探测行为摧毁了波函数的叠加态。这个发现被德国康斯坦茨大学（University of Konstanz）的杜尔（Durr）及其合作者在 1998 年做的实验所证实。在这些实验中，那些令人迷惑不解的干涉条纹是由光的驻波所形成的冷原子光束的衍射所产生的。当不存在试图探测这些原子采用哪个路径的仪器时，干涉仪显示出高对比度的条纹。然而，当原子究竟通过哪条路径的信息被人们以某种手段获知时，这些条纹就消失了。然而，仪器本身不可能是波函数塌缩的原因——它并没有传递足够的"动量反冲"，因为探测器的反作用路径的尺度大于干涉条纹的间距四个数量级。在任何情形下，为了使干涉条纹消失，我们都不需要当真获知原子所选择的路径。原子本身的状态被确定便足够了，这个确定的原子状态即可决定它们之后将要选择的路径。看来，测量仪器被纠缠在所要测量的对象之中了。

这种纠缠不仅会跨越空间而出现，而且似乎也能跨越时间出现。对这种过去经常作为思辨性假设被人谈起的观点终于有了观察性证据，这些证据是在 2013 年春天出现的。希伯来以色列大学拉卡物理研究院（Racah Institute of Physics at the Hebrew University of Jerusalem）从事的实验发现了这些证据。物理学家梅吉迪什（Megidish）、哈勒威、萨契姆（Sachem）、迪威尔（Dvir）、德拉特（Dovrat）和艾森伯格对处于特殊量子态的光子进行编码，因而摧毁了这个光子。结果，就所能确定的而言，处于那种特殊量子态的光子不再存在了。然后，他们为达到那种量子态又对另一个光子作了编码。他们发现第二个粒子的状态立刻与第一个粒子的状态纠缠在一起，尽管后者已经不存在了。

这个实验证明了一个令人吃惊的事实：纠缠可以在非同时存在的粒子之间发生。这种情况怎么可能会出现呢？物理学家推测，第一个光子的状态一定是以某种方式贮存时空之中。空间纠缠现象表明了时空媒介的存在，这种媒介可瞬间传递超越有限距离的量子态。时间纠缠现象加强了这一假设。如今已经有实验产生的观察性证据表明，时空是一种瞬间相互联系的有记忆的媒介。

EPR 实验

历史上第一个证明在某一时刻存在于同一量子态的量子仍然会在有限距离内纠缠的思想实验，是由鲍里斯·波多尔斯基（Boris Podoski）和纳森·罗森（Nathan Rosen）于 1935 年提出的。这个爱因斯坦 - 波多尔斯基 - 罗森实验，或 EPR 实验，因为在那个时候还不能实际进行，而被称为"思想实验"。

爱因斯坦及其合作者提议，我们可以使两个粒子处于所谓单态，在这种状态下，它们的自旋彼此抵消，成为零自旋态。我们分离这两个粒子，把分离后的两个粒子投射一定距离远。然后，我们应能够测量其中一个的自旋状态，同时也能测量另一个的另一种自旋状态。如果可以这样的话，我们将会知道同一时刻的两种状态。爱因斯坦认为这将会表明，由海森堡的不确定原理所确定的界限可以被打破。

海森堡原理告诉我们，我们对处于量子态的粒子的参数之一，例如动量或自旋所能作出的测量越是精确，我们对其另一参数 —— 例如它在空间中的位置所能作出的测量就越不精确。当我们充分明确一种参数的值时，另一参数就成为完全模糊不清的了（如前所述，根据不确定原理，我们不可能在相同时间测量一个粒子量子态的全部参数）。

爱因斯坦认为，这种对同时测量共轭量的禁止不是自然界本身固有的性质，而是由我们的观察系统和测量所造成的结果。人们认为，EPR 思想实验表明了实际情形正是如此。当复杂精致到可以检验这种思想实验的实验仪器联机运行后，就会证明海森堡原理是不成立的。实际上，它起作用的条件是爱因斯坦当时没有想象得到的，即它应当是超越任何有限距离的。

如今，人们已经进行了许多把粒子分开更遥远距离的实验。他们想证明粒子之间存在着瞬时的和内在的相互联系。时空上的分离并不会把产生于同一量子态的粒子分开，不管它们是在多久之前拥有那种状态，也不管它们自那时以来彼此之间被投射了多远。这些粒子甚至并非必然地曾经共存于同一时间。一个粒子处于被另一粒子所共享的量子态，不管是过去还是现在共享，这一事实似乎足以产生它们之间瞬时的相互作用。正是在这个意义上，我们可以说，在整体上量子世界内在地是非定域性的。

非定域性和生命世界中的相互作用

有机体中的非定域性联系

半个多世纪以前，埃尔温·薛定谔由于相信量子态的非定域性，提出非定域性这一概念不必局限于量子世界。他说，显现在生命系统中的秩序并非机械秩序，而是动力学秩序。动力学秩序并不是基于机械联系的各部件之间出于偶然产生的秩序，这种秩序不可能由个体分子之间的随机碰撞所造成。这种秩序是基于该系统中的全部要素，甚至是基于那些彼此非连续的要素的，全系统"非定域性"超速联系的秩序。

薛定谔的这一洞见如今已被科学发现所证实。人们发现，生命系统中的组织构成所谓玻色 - 爱因斯坦（Bose-Einstein）冷凝物。（这些冷凝物最初是由爱因斯坦和印度物理学家玻色在 1924 年提出的，它们由玻色子的稀薄气体构成，这些玻色子可冷却到接近绝对零度的温度。在这些条件下，大部分玻色子占据着最低能级的量子态，其中量子效应极为明显）仅仅在 70 年后，即在 1995 年，人们才通过实验证明有机体中存在着这种冷凝物。2001 年，在授予埃里克·A. 康奈尔（Eric A. Cornell）、沃尔夫冈·克特勒（Wolfgang Ketterle）和卡尔·E. 威曼（Carl E. Wieman）诺贝尔物理学奖的颁奖词中声称，他们被授予这个奖是"因为他们取得了碱金属原子稀薄气体中的玻色 - 爱因斯坦凝聚物，并且最早对冷凝物的属性做了基础性的研究"。康奈尔、克特勒和威曼已经表明超冷物质聚合物——在他们的实验中使用的是铷或钠原子，其行为像非定域波一样。他们探讨了整个冷凝物的性质，并构建了干涉图样。玻色 - 爱因斯坦冷凝物内部的信息是瞬间传递的，而这会产生以前只同激光和量子系统有关联的相干性。

有机体内各部位之间瞬时的非定域性联系是有机体维持生命状态的前提。这种联系表明在某些方面，生命有机体是一种宏观量子系统。在量子系统中，不论是相邻的或相距很远的分子簇，都会发生同相共振，相同的波函数适用于描述它们的行为。引力或斥力依赖于波函数之间的相位关系而产生，并且更快或更慢的反应在波函数一致的区域之中发生。通过这种过程，远程关联便产生了，它们是非线性的、准瞬间的、异源的和多维度的。虽然分子在不同点上的反应执行了个体的功能，然而，这些功能的协作则会以非定域性的形式出现，通过这些分子簇之间准瞬间的多维信息传递而协作。

有机体各部位之间的非定域性联系：开创性观察

在 20 世纪 60 年代，测谎仪专家克里夫·巴克斯特（Cleve Backster）把一台测谎仪（一种波动描记器）的电极放在他办公室中一棵植物的叶子上。令他吃惊的是，他发现仪器所指示的植物反应与他自己的经历有关联。例如，当巴克斯特在他办公室楼下的街道上遇险时，在那一瞬间，测谎仪测出了植物电阻明显的变化。甚至当树叶从植物上被摘下、被修成电极那样的大小或被切碎，并在两个电极表面之间重新分布时，这种相关性仍然保持着。

这些发现在随后的实验中得到了重现。加州大学洛杉矶分校的本·本丁（Ben Bending）于 2012 年报告说，他的结果"支持下列论述：植物有某种感知能力，这使得植物能感觉到人的情感"。虽然信号本身是电信号，但是植物与人的联系却不一定是电磁作用，而我们不妨假定不存在法拉第笼和铅屏蔽阻止这些信号。根据本丁的观点，这意味着有可能在植物与其监护者之间存在着非定域性联系。

同一有机体不同部位之间存在非定域性联系，这一观点在巴克斯特 1968 年的一个实验中得到证明。他在实验中把受试者口腔的白血球取出，把它们放在距离受试者从 1.5 米到 12.9 千米范围内的不同位置上。他检验了这些细胞的净电势、给记录驱动单元输送信号，而这一装置可记载连续的电势变化。然后，他用视觉图像来刺激受试者。设计这些图像的目的是要引起受试者的情感反应，并观察细胞电势中的变化。结果表明，细胞电势中的变化在时间、振幅和持续性上同受试者的情感反应有关联。

在一次实验中，实验者递给一位年轻人一期《花花公子》（Playboy）杂志。当他看到女演员波·德瑞克（Bo Derek）的裸体照片时，他的脑电信号显示出某种情感反应。在他观看这幅照片的全部时间内，这种情感反应一直存在着。而远距离电势上的变化则反映着他在情感状态方面的变化。当他合上杂志时，反应值则回复到正常。当他决定拿起这本杂志再看一下时，这些细胞中会重复出现同样的反应。

同样的关联出现在对一位退休美国海军炮手的实验中。在日本袭击珍珠港时，他在珍珠港服役。当观看一个叫作《世界在交战》（The World at War）

的电视节目时，这位炮手对被军舰炮火击中的敌机坠毁这类场景没有反应。然而，当他随后看到一艘美国军舰炮手在行动中牺牲的面部特写镜头时，却有了反应。在那个时刻——当他把自己的战时经历代入这个场景时，他被放置在 12.9 千米之外的细胞表现出了一种与他自己的反应精确关联的反应。

正如第 9 章讨论过的那样，从有机体和宿主生物体中取出的细胞之间持续存在的非定域性关联，也在英国超能力医学学会（现称劳伦斯整体医学学会）于 2000 年进行的一组独立实验中发现。该学会中那些有资质的医生会员寻求进入他们称之为"超场"（psi field）领域的途径，他们认为这是一种包裹着有机体的非定域性场。为了提取超场中的信息，这些医生使用了一种复杂的医学探测术。他们发现，他们能在遥远的地方给患者诊断；而他们所需要的一切就是所谓"证据"，这些证据可以是取自患者身体的任何蛋白质样品，例如一根头发或一滴血。他们能通过观察钟摆在特别设计的图表上的运动轨迹进行诊断。在数千个病例中，通过对钟摆运动的解码形成对患者病况的正确诊断。

这些构成证据的细胞可以在任何时间和与患者的任何距离上被反复地分析。它们所产生的信息反映了在分析进行之时患者的健康状况，而不是细胞从患者身体取出时患者的健康状况。这表明，它不是传递这些信息的细胞的现实状况——因为这种信息会反映细胞被取出时患者的状况。相反，它们反映的是患者被测试之时的当下健康状况。这样看来，这些细胞仍然与它们源自的有机体保持着非定域性的关联。

这些发现虽然初看上去令人惊讶，但却是合乎道理的。有机体各部位之间快速的、不受距离约束的关联，是有机体保持相干性必不可少的要素，而这种相干性是它将自身保持在生命状态，即物理上不稳定的、非热力学及化学平衡的状态所必需的。狭带和相对慢的神经与生化信号的传递本身不能确保有机体中恰当的相干性。只有有机体的细胞和亚细胞部件之间的非定域性"纠缠"，才能创造足够快速的维持这种生命状态的多维信息流。

个体之间的非定域性关联

非定域性关联也出现在离散的有机体之间，这些有机体彼此相距遥远，它们之间不可能有任何物理和生理上的联系。

运用功能性磁共振成像的实验检验了不以任何已知形式相互沟通的个体大脑活动之间的联系。2005 年，塞布鲁克学院（Saybrook Institute）的珍妮·阿赫特贝格（Jeanne Achterberg）在她的一项研究中请 11 位治疗者分别选择那些他们感到与之有情感联系的人。被选中的受试者处在核磁共振成像仪扫描器下，与治疗者没有任何感官接触。以随机的治疗者和受试者都不知道的时间为间隔，治疗者为他们送去能量、祈祷或好的意向 —— 即所谓遥远的意向。在分析结果时，阿赫特贝格发现受试者大脑各部位，即前面的和中间的有色带区域、楔前叶和额区，"送信号"与"不送信号"（控制）的活动周期之间有重大差别。经计算，这些差别出于随机产生的概率是 1/10 000。

关于有意识的意向的效果所做的测试，进一步为个体之间的非定域性联系提供了证据。长期以来，人们已知一个人高度集中的意向会影响另一个人的身体状态。这是由人类学家研究传统文化中的"交感巫术"时所确认的。在其著名的研究《金枝集》（The Golden Bough）中，詹姆斯·弗雷泽爵士（Sir James Frazer）指出，那些施行伏都教巫术的美洲土著萨满教巫医通常总是在沙子、灰烬或泥土上画出一个人的图形，然后用尖锐的木棍去戳这个图形，或者对这个图形进行其他伤害性动作。据说，这种伤害会使画出的那个人难受。人类学家发现,这个作为目标的人通常会病倒,变得无精打采或昏昏欲睡,有时还会死掉。内华达大学的迪恩·雷丁在实验室条件下测试了这种效果。

在雷丁的实验中,受试者在他们自己的想象中创造了一个小洋娃娃,并提供了各种各样的东西(图画、首饰、自传和有个人意义的符号)来"表现"他们。他们还列出了一个使得这些洋娃娃们感到自然和舒服物品的清单。这个清单和伴随着它的信息是由治疗者使用的,创造与受试者产生情感联系的东西。这些受试者之间以电线联结起来,以监视他们的神经系统的活动——皮肤电活动、心率和血压脉搏量,而此时治疗者在邻近建筑物中的听力和电磁屏蔽室里进行实验。治疗者把受试者提供的洋娃娃或其他东西放在桌子上,并注视着它们,同时随机地给这些受试者发送有序的"培育"(积极治疗)和"休息"信号。

在这些实验中,受试者的皮肤电活动和心率在积极治疗期和休息期有很大不同。心率和血流都表现出"放松反应"——这是有意义的,因为治疗者试图通过洋娃娃来"培育"受试者。另一方面,较高频率的皮肤电活动表明受试者的植物神经系统被唤醒了。这种现象一直令人困惑不解,直到实验者发现治疗者通过按摩代表他们洋娃娃的肩部,或者轻抚洋娃娃们的头发和脸来培育受试者时,他们才明白是怎么一回事。对受试者来说,这种作用像"遥远的按摩"。雷丁总结说,治疗者的活动到达了遥远的受试者身上,几乎就像治疗者与受试者彼此相邻一样。

雷丁的发现已被威廉·布劳德(William Braud)和玛丽琳·施利茨(Marilyn Schlitz)在十多年间进行的数百次实验所证实。这些实验证明,发送者的心理意象会对接受者的生理机能产生影响。这些效果类似于受试者的心理过程对其自身的影响。一个处在远距离个体的"身体带电"活动接近于受试者自己的"身心失调"活动的效果。

这些可证明远距治疗有效的实验最早是由心脏病学家伦道夫·伯德进行的，他曾经担任过加州大学伯克利分校的教授，于1988年发表了自己的研究成果。他在旧金山综合医院（San Francisco General Hospital）用计算机辅助研究了10个月，研究给予冠心病监护病房中的患者关注会有什么效果。伯德选取了一组由普通人构成的实验者，他们唯一的共同特征是会定期在全国性的天主教堂或在全国性的新教聚会中祷告。实验要求所选的这些人为一组含有192名患者的康复祈祷，而不为对照组的210名患者祈祷。实验采用了严格的标准，使用双盲法进行选择，即医生和护士都不知道哪些患者属于哪一组。患者的名字及其心脏状态信息都被给予了实验者，实验者还被要求每天为患者祈祷。此外，再没有告诉他们任何其他事情。由于每一实验者可为多个患者祈祷，每一患者会有五到七人为他或她祝福。

实验结果在统计学上非常明显。那一组受到祈祷的患者需要的抗生素比对照组少五倍（3∶16个患者）；发展成肺水肿的少3倍（6∶18个患者）；这一组受到祈祷的患者无人需要气管插管（而对照组则有12位患者需要气管插管）；前一组患者死亡者比后一组少（虽然这一特殊结果在统计学上意义不大）。这些患者与为他们祈祷的人距离的远近并不碍事，他们做了什么样的祈祷也无关紧要 —— 只有集中注意力重复祈祷这个事实才产生作用，不管祈祷是给谁做的，也不管祈祷是在哪里进行的。

这种拉里·杜西（Larry Dossey）医生称之为"第Ⅲ代非定域性医学"的替代疗法，其非定域性效果被系统地应用于各种治疗之中。例如，医生请求一位敏感的人从遥远的地方集中注意力关注一个既定患者。正如各种治疗者的实践所表明的那样，给出患者的姓名和出生日期就够了。神经外科医生诺曼·希利（Norman Shealy）经常从他位于密苏里州的办公室打电话，把信息传递给新罕布什尔州（New Hampshire）有洞察力的诊断专家卡罗琳·密斯（Caroline Myss）。她能诊断各种病例，并把结果反馈给希利博士。希利发现在他发送的前 100 个病例中，她的诊断有 93% 是正确的。

上述样本只是对非定域性出现于其中的各种病例的抽样调查。这些样本证明，生命世界中的非定域性并非预期之外的现象——非定域性是相互作用的基本形式，是生命在生物圈中产生和进化必不可少的前提条件。

有机体与环境之间的非定域性联系

有机体与环境之间的非定域性联系迄今在主流生物学中尚未得到承认，甚至非定域性联系存在的可能性都被断然否认。根据主流生物学的观点，有机体与其所处环境之间以及与外部世界之间，只有通过由经典力学的场和生物化学过程所传递的相互作用才能联系起来。然而，现在已经证明，即使光合作用，亦即地球上所有生命的基础，都需要依赖量子过程。格里高利·恩格尔（Gregory Engel）及其合作者于 2007 年发现，光合作用过程的最大效能需要用长时间的电子性量子相干性来说明，这是通过允许分子的复合物在巨大的相空间区域取样检查，并发现最有效的路径而实现的。

非定域性联系存在的更为一般的证据在生物进化过程方面也表现出来。若没有这些非定域性联系，达尔文关于物种通过基因组中偶然的突变而进化的经典进化论，便不能说明地球上动植物种类史的记载。最古老岩石的产生可追溯到 40 亿年前，而最早的高度复杂的生命形式（蓝绿藻和细菌）已经存在了 35 亿多年。

5 亿年好像是一段极为悠久的时间，但即便时间如此悠久，似乎也不足以说明复杂的物种如何能通过偶然的变异而进化。即使是简单的原核生物也会涉及构造由大约 10 万个核苷酸组成的 DNA 双螺旋结构，而每一个核苷酸则包含着 30~50 个精确排列的原子，还有双分子层的膜和能使细胞吸收食物的蛋白质。这个结构要求一系列反应的存在，这些反应彼此之间还要精细地协调。如果有生命的物种依赖于基因组中单独的随机变异，那么，我们在生命领域所观察到的复杂层次就不可能在之前所要求的大约 5 亿年内形成。

随机事件在合理的时间段内产生复杂物种的低概率已由额外的考虑所提高，它还不足以使这些变异能在物种的基因库中产生一些正向改变。如果这些变化是可行的，那么它们就必定会牵涉整个基因图谱的变化。例如，羽毛或翅膀的进化不会使爬行动物有能力飞起来。飞行还需要肌肉组织和骨架上的巨大变化，还需要更快的新陈代谢来为持续的飞行提供动力。这些变化涉及复杂的过程，已知至少有 9 种基因重新排列的方式（移调、基因复制、外显子改组、基因点突变、染色体重新排列、重组、染色体互换、多向突变和多倍体），其中有许多是相互关联的。这些不管是单独出现还是以组合形式出现的重新排列的方式，几乎不可能由于基因组的偶然变异而从旧的物种中产生出新的物种。随机突变不可能导致革命性的优势，它有可能使物种更不适应于生存，而不是更适应于生存，并且在这种情形下，它们最终将会由自然选择所淘汰。然而，许多物种最终被事实证明是有生命力的，并且它们的进化速度要比巨大的偶然变异的查找空间所能允许的速度快得多。

这种综合理论进一步受到如下证据的挑战：基因组不能完全独立于表型组，因而不能孤立地变异。但是，由于对来自于表型组的影响比较敏感，即使是"流动的基因组"也不能说明这些精确的、快速的和高度集中的大突变是如何发生的，而这种大突变是把不能独立生存物种的基因信息，转变为给新的有生命力的物种编码的信息所必需的。如果这种基因组 - 表型组系统要产生必要的基因突变，就必须对有机体周围环境的变化非常敏感，并能产生对这些变化的适应性反应。然而，这种敏感性超越了有机体与环境之间目前已知的相互作用的范围。

主流范式不能说明这些新的可行物种如何能通过基因组的随机突变而产生。根据数学物理学家弗雷德·霍伊尔（Fred Hoyle）的观点，这种情形发生的概率非常小，大约相当于一阵飓风刮过废品堆放场之后，其中的废品会装配起一台能飞的飞机那样的概率。

早在 1937 年，西奥多修斯·杜布赞斯基（Theodosius Dobzhansky）就曾指出，由基因突变而造成的新物种诞生在实际上是不可能的，即使新物种的诞生出现在"准地质学范围"。然而，新物种的出现则要比理论预期快得多。在其"间断平衡"理论中，史蒂芬·杰·古尔德（Stephen Jay Gould）和奈尔斯·艾垂奇（Niles Eldredge）指出，最有可能产生突变的动物群落外围是孤立的，并且相对比较小。它们的基因组变化迅速而精确，需要的时间通常不超过 5 000~10 000 年。这使物种进化的地质年代成为无关紧要的短时间 —— 进化的瞬间。

物种的进化，正如单个有机体的自我维持一样，不可能仅仅依赖于已知的各种生化相互作用。这是间接而强有力的证明，它表明高级生命形式的进化必定包含着有机体与其各部位之间准瞬间的多维联系。

非定域性联系与生命的出现

在 20 世纪大多数时间里，科学家们都认为宇宙中的生命是偶然出现的，是由幸运的巧合造成的。人们已知如下事实,即为了使生命得以出现,不仅宇宙的基本常量和参数需要被精细地调整,而且还需要有其他适当的条件。必须有一个具有合适的质量的行星,它与主星序 G2 矮星的距离非常恰当;这个行星需占据一个近圆轨道;它必须有氧和氮含量丰富的空气,有一个巨大的月球和适度的转速;它必须距离银河中心适当的远,并且其表面要有液态水;它还必须有比例恰当的水域与大陆。最后但并非最重要的是,它在其所处的太阳系中通过巨大的气体行星时,还必须受到小行星或彗星的保护。

人们一直认为,这种不大可能存在的相干因素的要求,使得生命的出现成为宇宙中的小概率事件。但是,这个观点由于 2011 年 10 月发表的一个惊人发现而成为有待商榷的了。由香港大学郭新(Sun Kwok,音译)和张勇(Yong Zhang,音译)领导的一组研究人员报告说,作为生命基本构件的有机分子是在恒星上创造的。大约 130 种这样的分子在那时已经被发现,包括甘氨酸 —— 这是一种氨基酸,还有乙二醇 —— 这是一种与生命所必需的糖分子的构成有关联的化合物。

使用美国国家航空航天局(NASA)的斯皮策太空望远镜(Spitzer Space Telescope),天体物理学家在距离地球 400 光年的金牛星座中的恒星周围发现了水、甲醇和二氧化碳粒子。这些物质揭示了在星际尘埃中存在着尘云、在恒星周围存在着构成行星的云盘。它们好像处在演化的各个不同阶段,活动星会把有机化合物喷射到星际空间、把这些分子分布到巨大的区域。NASA 指出,尽管这些物质也能在其他地方被发现,但“它们在组成行星气体的尘埃中被明确地看到,这还是第一次”。这个观察结果不仅根据宇宙学的标准理论来看是反常事物,而且对整个当代天体物理学来说都是反常事物。然而,正如郭松等人指出的那样，"我们的工作表明，恒星无疑是在接近真空的状态下制造了复杂的有机化合物"。尽管这在理论上是不可能的，在观察上却表明，这是真实发生了的事情。

观察到有机分子是在恒星上经历复杂过程而产生的，这是具有重大意义的发现。它告诉我们，生命并非宇宙中的反常事物，恒星的演化过程能提供生物系统进化的模板。看来，只有高级生命形式 —— 能够进行新陈代谢和繁殖的复合生化系统，才要求高度特殊的组合条件，而这些条件在宇宙中可能是极为罕见的。

非定域性联系与主流生物学

有机体内部及有机体之间的量子类型联系，目前在主流生物学中还没有得到承认。关于有机体内部的各个量子类型过程，主流生物学家认为这并非是必要的，至于远距离个体之间的联系，主流生物学家认为那些证据是伪造的。

有机体内部的定域性相互作用和决定性的相互作用足以说明这些事实。有机体的一部分被生物学家认为可以决定其他部分的状态，然而，实际情况经常并非如此。分子间的相互作用并不会严格地决定有机体中的各种功能和过程，甚至各种各样的基因决定论（即认为有机体中的基因包含着建造整个有机体的充分指令的学说）也不能恰当地说明观察事实。尽管基因通过创造信号传递物，即核糖核酸的复制品，而决定着蛋白质分子的氨基酸序列，也并不能充分地决定有机体发挥作用的方式。有机体是高度整合的系统，其中某级过程同时涉及从微观分子到宏观的所有层次。维持该系统所需要的调整、反应和变化同时在所有方向上扩大，并会敏感地被调整得适应于有机体环境中的各种条件。某些基本的发展过程要么是完全脱离于基因控制的，要么只是间接地受到基因的影响。在由汉斯 - 彼得·杜尔（Hans-Peter Durr）、弗里茨 - 阿尔伯特·波普（Fritz-Albert Popp）和沃尔夫拉姆·施莫斯（Wolfram Schommers）于 2002 年出版的一个研究文集中，俄国生物物理学家列弗·毕洛索夫（Lev Beloussov）提出，真相也许同基因决定论的结论恰恰相反。基因本身可能是顺从的侍者，它的职责是完成有机体其他部分的强有力命令。

基因决定论面临着 C 值悖论（在这里，C 代表复杂性，C 值表示有机体的单一染色体组的大小，也就是说，其基因序列的大小），以及基因数悖论（基因冗余悖论）。关于 C 值，经验上的发现完全出乎人们意料之外，或者说与人们预期的恰恰相反。如果在基因组中编码的信息能提供关于该有机体或多或少的完整描述，那么该表型组（血肉构成的有机体）的复杂性和基因组的复杂性就应当是正相关的 —— 越是复杂的有机体，就越应当有复杂的遗传信息。但是，基因组的复杂性和有机体的复杂性并非是相互关联的。参与人类基因组计划的科学家们在人类基因组中确认了不到 4 000 个基因，这个数量令人吃惊地少。即使阿米巴虫的任意一个细胞，也比人类多 2 000 倍的 DNA。

此外，令人困惑的还有，动植物种类史上关系接近的物种竟然具有差异相当大的基因组。有高度关联的不同啮齿类动物，其基因组的大小经常依据两种因素而变化，家蝇的基因组比果蝇的基因组大 5 倍。同时，某些在动植物种类史上距离遥远的有机体却有相似的基因结构。假定这些差异存在，就会难以解释基因组的结构如何能决定表型组的结构。完全相同的基因能产生不同的蛋白质，而不同的基因却能产生完全相同的蛋白质。就支配分子相互作用的基因结构而言，生命有机体的复杂性和一致功能不能得到唯一的说明，甚至不能得到大致的说明。

最近的观察表明，生命状态不是由基因，而主要是由表观遗传调控来维持的。表现遗传调控并不改变 DNA 中的基因序列，而是决定着该序列对有机体的作用。以这种方式，甚至基因信息在有机体中也是可改变的。同时，因为该有机体与其所处环境之间有连续不断的交流，基因信息也会随有机体所处的环境而改变。表现遗传调控根据需要使得有机体中的基因"开"或"关"。有观察证据表明，这种调节能传递给后代。

进一步的观察表明，在有机体中，沟通的渠道是水，确保其宏观相干性的载体也是水。人类有机体 70% 以上由水构成，并且这种水不是同环境中的水一样的液体，它在结构上和动力学上都不一样。

有机体在生化循环中所释放的电磁波会在其内部的水中留下印记。有机体给其所包含的水"提供信息"，并且这些得到信息的水会创造整个有机体中的交流渠道。有机体中的这些得到信息的水与其细胞和细胞系统之间的信息交换，使得后者所发出的波相之间彼此相同，这便促成了有机体的宏观相干性。这种由水来传递的和谐过程是非定域过程，这个过程不包含任何已知的能量形式。

关于水的生物物理学所逐渐揭示的结论，连同分子和基因决定论所面临的困惑，证实了汉斯·法拉里希（Hans Frohlich）的大胆假设：生命系统中的所有部分都能创造各种频率的场，并且这些场会在整个有机体中传播。通过携带信息的水，有机体中的分子和细胞所具有的特殊共振频率得以和谐一致，并且长程的相位关联由此而产生。这些关联性类似于超流体和超导体中产生的关联性，虽然其作用不是很明显。

以非定域性相互关联的宇宙

我们断定在科学探究的主要领域中存在着非定域性和相互关联性。关于其存在证据的简要观点具有大尺度的世界背景，在这个世界背景中，非定域性和相互作用是一种普遍现象。在下面的小节里，我们将以这种观点为出发点，概括地阐述一下所谓标准宇宙模型。

标准模型

根据宇宙学的标准模型，某次事件创造了世界。这个一次性的、谜一般的事件叫作"大爆炸"。根据这一模型，宇宙创生在 137.5（±1.3）亿年前发生的不稳定的大爆炸之中。一片前宇宙空间爆炸了，它创造了一个具有极高温度和密度的火球。在最初几毫秒里，它合成了遍布空间和时间之中的所有物质。从宇宙的前空间中出现的一些粒子 - 反粒子对彼此碰撞和湮灭；在原初创造的这些粒子中，那些在碰撞中幸存下来的、占原本数量 10 亿分之一的粒子（超过反粒子数量的微量粒子）构成了宇宙中我们称之为物质的东西。

大约 40 万年后，光子同宇宙原始火球的辐射场脱耦——空间成为透明的，物质团块冷却成为实体。由于引力的作用，这些团块凝聚成恒星和恒星系，并形成巨大的旋涡。经过 10 亿年左右的时间之后，这些旋涡便成为星系。

标准模型中的反常现象

随着原初爆炸而演化的宇宙在收缩和膨胀之间保持着精确的平衡。1991年，通过 NASA 的宇宙背景探测卫星（COBE），计算机第一次得以对大约

300 年间的观察材料进行分析，为世人提供了值得注意的证据。对宇宙微波背景辐射——人们所推测的大爆炸残余产物之一的详细测量表明，某些变异不是由来自恒星体的辐射所引起的畸变，而是宇宙火球在创生之后小于 1 万亿分之一秒内微小涨落的残余。1992 年 4 月，由乔治·斯穆特（George Smoot）率领的一队天体物理学家宣称，他们完成了来自原始火球辐射密度图像的绘制，并发现了一些微小变异，这些微小变异在引力作用下可导致宇宙宏观结构的演化。

对这种背景辐射的测量揭示了宇宙的物质密度，也就是说，在原初爆炸中所产生并且在随后发生的粒子 – 反粒子碰撞中没有湮灭的粒子数。如果这些幸存下来的粒子导致物质密度高于一定量（大约在 5×10^{-26} g/cm^3 的数量级上），同物质总量相关的万有引力最终会超过由原始爆炸产生的惯性力，这时宇宙是"封闭的"——它会使自身塌缩。如果物质密度低于那个界限，爆炸会继续控制着引力，此时宇宙是"开放的"——它将会无限地膨胀。然而，如果物质密度恰巧在那个临界值上，膨胀和收缩的力量就会彼此平衡，宇宙这时是"平的"——它会在膨胀与收缩这一对力量争斗的边缘保持平衡。

最近的发现显示，在原初爆炸之中创造的宇宙极为精细，其精度达到了令人吃惊的 $1/10^{50}$。

精确的测量进一步显示，不仅宇宙的物质密度精确地同膨胀与收缩之间的平衡保持一致，而且现存的粒子也非常精确地同宇宙的宏观参数相一致。应用爱因斯坦著名的质能关系式（$E=mc^2$），电子的大小（即 $r_0=6 \times 10^{-15}$m）原来是电子数在宇宙中的效应（后者是由爱丁顿数给出的，在 $R=10^{-26}$m 的哈勃宇宙中大约是 2×10^{79}）。

此外，宇宙的物理常数也令人吃惊地彼此一致。物理学家萨卡迪（Dezso Sarkadi）于 1999 年发现，当一个常数与另一常数被确认是相关的时，它们之间会保持一种简单的指数规则（Q=2/9）。

米纳斯·卡菲特斯（Menas Kafatos）及其合作者于 1999 年进一步提出了宇宙的宏观参数之间的关系。标度不变性出现在由宇宙中的粒子总数所构成的质量、引力常数、电荷、普朗克常数和光速这些物理常数之间。考虑其他的参数，所有长度都可被证明是与宇宙的尺度成正比的，这表明宇宙的各种常量之间具有令人吃惊的相干性等级。卡菲特斯明确地宣称，整个宇宙是在瞬间发生关联的，因而是非定域性的。

这些出人意料的相干性形式，以及其所暗含的非定域性，在导致生命演化过程中的作用也是众所周知的。宇宙的基本力和常量精确地符合各种条件，以创造允许生命以之为基础而突现的复杂系统。在与引力场有关的电磁场中，力上的微小差异就会阻止这种系统演化，因为诸如我们的太阳这样的炽热而稳定的恒星根本就不会产生。如果中子和质子质量之间的差异并非精确地是电子质量的两倍，那么物质的化学反应根本就不可能发生。并且，如果电子和质子的电荷不是精确地平衡，那么所有物质结构就不会稳定，宇宙将会只由辐射和相对均质的气体混合物所构成。

在这个宇宙中，引力常数（$G=6.67\times10^{-11}Nm^2/s^2$）[①] 恰好会导致恒星能形成，并在足够长的时间内发光，以使星系结构的演化，包括星系内部太阳系的演化成为可能。如果 G 小一些，那么这些粒子就不会被充分压缩，以获得点燃氢所需的温度和密度，像我们的太阳这样的恒星就将会停留在气态。

---

① 引力常量的单位应为 $N\cdot m^2/kg^2$，文中保留原书显示方式。——编者注

另一方面，如果 G 过大，那么恒星将会形成，但其燃烧会加快、其寿命会缩短，使得生命不可能在环绕它们运行的行星上演化。

同样，如果普朗克常数（h=6.62606957×10^{-34}s）②稍有变化，那么产生碳元素的核反应就不会在恒星上出现——因而碳基的复杂系统就不会在它们的某些行星上出现。但是，假定现实的 G 和 h 值不变，并且宇宙常数（包括光速、电子的大小和质量，以及质子和原子核的大小之间的关系）就是现在这个样子，复杂系统以及生命在事实上就会出现在环绕活动星的某些行星之上。这种相干性等级，使得生命的存在会超越标准模型的范围——它们是尚未得到解释的反常事物。

宇宙中的相干性还有一种特征，这就是宇宙微波背景辐射的均匀性。宇宙微波背景辐射，即在宇宙创生后大约 100 万年时发射的辐射，被认为是各向同性的，即在所有方向上都是相同的。这需要进一步的解释。物理信号不可能把膨胀的宇宙的各个区域调整到一起，因为当背景辐射被射出时，宇宙的两头已经相距 1 000 万光年远了——光在那个时间内只能传播 100 万光年。虽然它们不是由创造我们的宇宙的爆炸之后最初几微秒之外的力和信号而联系起来的，但是遥远的星系和其他宏观结构却都是以统一的方式而演化的。

宇宙学家阿兰·古斯于 1997 年提出了（相当令人难以置信的）涨落理论来说明这种"视界问题"。根据这一理论，在宇宙诞生之后 10^{-33} 秒的普朗克时间范围内，空间膨胀的速度大于光速。这并不违背广义相对论，因为这并不是物质在以超光速运行而是空间在运动——物质相对于空间来说仍然是静止不动的。在最初的普朗克时间内，所有组成宇宙的部分都是联系在一起的，

---

② 普朗克常量的单位应为 J·S，此处保留原书显示方式。——编者注

拥有相同的密度和温度。此时，随着宇宙的膨胀，某些部分超越了物理常数的范围而独自演化。但是，它们能一致地演化，因为它们在宇宙诞生之时是联系在一起的。

多元宇宙模型

在过去几十年间，出现了一些把宇宙视为在广大无垠的、无限的"多元宇宙"中循环的宇宙学家。根据许多宇宙学家的意见，多元宇宙模型在标准的单一宇宙模型基础之上被改进了。

"多元宇宙"一词第一次是由威廉·詹姆斯于 1895 年（在《相信的意志和其他流行哲学论文》[*The Will to Believe and Other Essays in Popular Philosophy*] 中）提出来的，但是，这一观念本身曾由尼古拉斯 - 库萨（Nicholas of Cusa）在 15 世纪提出。这个概念被乔尔丹诺·布鲁诺（Giordano Bruno）在其 1584 年的论著《论无限宇宙和世界》(*On the Infinite Universe and Worlds*) 中所采用。布鲁诺指出，如果我们把宇宙看作一个单一无限的存在，我们就必须要在"宇宙"和"世界"之间作出区分。他写道，"宇宙"是一个单一无限的存在，其中包含着许多"世界"。

第一个现代多元宇宙模型之一是由物理学家约翰·惠勒在其著作中提出的。根据他在 30 多年前提出的模型，宇宙的膨胀会达到终点，并且我们的宇宙会因其自身而塌缩。随着这种"大塌缩"，新的膨胀阶段又会开始。在支配着超塌缩状态的量子不确定性中，新宇宙的创生状态几乎有无限的可能性。

新宇宙也可能在黑洞内部被创造出来。这些时空区域的极高密度表现出周期性的奇异性，物理规律在其中不适用。斯蒂芬·霍金和阿兰·古斯指出，在这些条件下，黑洞的时空区域会使自身与其他区域分开，并扩展自身，创造出一个源于其自身的宇宙。因此，一个宇宙的黑洞可能是另一个黑洞的"白洞"，它乃是创造其自身的那一声"巨响"。

还有一个多元宇宙模型的宇宙论是由伊利亚·普里高津（Ilya Prigogine）、杰黑尼奥（J. Geheniau）、冈茨（E. Gunzig）和那多恩（P. Nardone）在 1988年提出来的。他们的理论指出，创造物质的原初爆发会反复地出现。大尺度的时空几何学创造了一种"负能量"贮存库（这种能量是把物体逆着其所受万有引力方向升起所需的能量），并且受到吸引的物质从这种贮存库中提取了正能量。因此，引力是位于正在进行中的物质结合之根基中的，它产生了一种永久的创造物质的工厂。工厂产生出来的粒子越多，产成的负能量越多，之后转化为正能量用于合成更多粒子。

假定宇宙的基质（"真空"）在存在引力相互作用的条件下是不稳定的，物质和基质就会构成一种自组织的反馈回路。决定性的物质触发的不稳定性会造成这种基质过渡到膨胀模式，而这种模式标志着一个物质合成的新时代业已开始——一个新宇宙已经诞生。

其他一些宇宙论通常假定了存在连续不断的物质创造方式，其中准稳态宇宙论是由弗瑞德·霍伊尔（Fred Hoyle）、杰弗里·伯比奇（Geoffrey Burbidge）和纳利卡（J. V. Narlikar）于 1993 年提出的。霍伊尔于 1983 年提出的原始模型需要一种在空间中连续的、相对线性的物质创造方式——在爆炸中新生的宇宙周期性地被创造，其形式类似于创生我们自己宇宙的那种爆炸。这些"创造物质的事件"在整个宇宙中都分布着。

由于这种理论的原始版本面临着与人们经验上的差异，它便进化为了一种新版本，这种版本需要物质创造的过程优先存在于高密度负引力的物质区域。这个修订版本指出，创造最近的物质的爆炸出现在大约 140 亿年前，同其他理论独立估计的我们的宇宙年龄非常一致。

最近提出的一种连续创造理论出现在亚量子动力学中，这是一种扩散反应以太论，是由保罗·拉维奥莉特（Paul LaViolette）提出来的（参见附录二）。正如在准稳态宇宙学中一样，亚量子动力学要求物质是在高物质密度区域中以最快速度创造的，虽然这种密度制约是作为该理论的物理学预言，而不是附加的假设而出现的。鉴于准稳态宇宙学假定了连续的物质创造在连续膨胀的空间内进行，亚量子动力学便假定宇宙不是正在膨胀的。它不把宇宙的红移解释为退行多普勒效应，而解释为一种光疲劳能量损耗效应，这种解释建立在该理论的基本秩序系统之上。

另一种特别复杂的多元宇宙模型的宇宙论是由普林斯顿大学的保罗·J. 斯坦哈特（Paul J. Steinhardt）和剑桥大学的尼尔·图罗克（Neil Turok）提出来的。他们的模型能说明标准宇宙模型所能说明的所有事实，并且还能解释在后者看来是反常现象的观察结果，即遥远星系的膨胀速度为何会不断加大。根据斯坦哈特和图罗克的观点，宇宙经历着永无止境的宇宙纪元序列，每一纪元都是以"爆炸"开始，以"塌缩"结束。每一循环都经过一个渐变周期，然后膨胀加快，随之便出现逆转和收缩。

斯坦哈特和图罗克判断，目前我们大约处在当前这个循环的第 1 400 万年，正处在 1 万亿年连续不断地增大膨胀速率的周期开端。最终，空间将会成为均匀而平坦的空间，一个新的循环将会从此开始。

宇宙学家李奥纳特·苏士侃指出，弦论最新版本——M 理论中所隐含的惊人宇宙数量，不是该理论的缺陷，而是一个具有重大意义的洞见，是对宇宙实在之本质的真知灼见——M 理论的公式提出的每一种解决方案都对应于一种实在的宇宙，并对应于其自己的所有法则和常数。由所有这些可能的法则所支配的全部宇宙范围就是这种"景观"，而由这些法则所描述的宇宙的集合就是多元宇宙。

安德烈·林德宇宙膨胀论的核心也坚持同样的观念。根据林德的观点，伴随我们宇宙诞生的超速爆炸是网状的，是由几个单个区域构成的。我们所知道的大爆炸有不同的区域，它很像一个巨大的肥皂泡，其中有许多小肥皂泡粘在一起。当这个大肥皂泡被吹破时，那些小肥皂泡就彼此分开，每一个都会构成各自不同的肥皂泡。这种肥皂泡似的宇宙向外渗出，并会沿着其自身的路径不断演化。

每一宇宙都会产生其自身的物理常数，并且这些常数可能彼此差异极大。例如，在某些宇宙中，引力可能会非常强，因而物质的结构几乎会立刻再塌缩；而在另一些宇宙中，引力则可能非常弱，因而在这些宇宙中形不成任何恒星。我们的肥皂泡似的宇宙碰巧提供了复杂系统的演化所需要的恰当条件，因而它也为生命的进化提供了恰当的条件。这一理论的基本观念在 2011 年得到广泛传播，那时伦敦大学学院（London's University College）的宇宙学家佩里斯（Hiranya Peiris）计算出，这些肥皂泡似的宇宙的自我创造会在宇宙微波背景上留下特征图，并且这些特征图能被普朗克望远镜探测到。那些可能是肥皂泡似的宇宙之不太鲜明的特征图，后来被发现在宇宙微波背景中也存在，虽然它们还需要进一步的证实。

在李·斯莫林（Lee Smolin）、斯蒂芬·霍金、史蒂芬·温伯格（Steven Weinberg）和马克斯·泰格马克（Max Tegmark）等人提出的宇宙学理论中也包含着类似观念。根据马丁·里斯（Martin Rees）的观点，当前的"多元宇宙革命"之意义正如哥白尼革命在 17 世纪的重大意义一样。

物理学中的阿卡莎范式：两个假设

　　根据阿卡莎范式，世界上的可观察现象是其本身不可观察的基本维度以各种方式的各种显现。正是在这个维度中，那些明显的现象显现出来，并且它们相互作用的规律被编码。

　　直到最近，试图证明这些主张的正确性都是超出物理学范围的事情。随着全息时空理论的出现和类似的膨扩体发现（参见第 4 章），时空以外存在着原始维度的假设已成为物理学前沿理论，尤其是量子场物理学的一部分。在这些前沿理论中所彰显的洞见是，我们在时空中所观察到的那些事件是在时空以外被编码的。根据这里所提供的解释，它们是在阿卡莎中被编码的，也就是说，它们是在宇宙的"深层"维度或"隐含"维度中被编码的。

　　拉维奥莉特提出的第一个假设所强调的动力学认为，我们在时空中所看到的那些现象是在他称之为"内化以太"的深层领域中产生的。他提出的亚量子动力学假设，存在着内在的不可观察的亚量子，他称这种存在为"以太子"（etheron）。在以太子的相互作用下，宇宙的物理常量被创造出来。

彼得·雅库博夫斯基（Peter Jakubowski）提出的第二个假设则进一步提出一种证明，即整个当代物理学及其所有方程式、单位和常数，都可以从阿卡莎深层维度（别名叫"一般量子场论"）中产生出来。以其不同的方式及方法，这两种假设得出了完全相同的观点，即那些在时空中所观察到的现象产生于时空之外的过程和关系之中。为了对先哲们经典的洞见表示尊敬，我们把产生它们的这个维度命名为"阿卡莎"。

假设一：内化以太

保罗·A. 拉维奥莉特（Paul A. LaViolette）

阿卡莎维度乃是所谓"内化以太"，这是一种活跃的宇宙基质，它能产生物理的形式。组成它的各种各样的成分叫作"以太子"，这些成分能在它们自身之间相互作用，并能在整个空间传播。它们的相互交织过程约束着这些以太子，使之成为有机的统一体。

以太子本身没有质量、不带电荷，也没有自旋。质量和自旋之类的属性是以太子自组织成为孤子场，亦即呈现为以太集中模式时才得以出现的。我们把这些集中模式视为物质粒子。中子自发地从以太真空状态中的大尺度电磁和引力涨落中形成核。电荷是在随后当中子自发地转变为带正电荷的质子，并发射出带负电荷的电子和反中微子时，作为次级的结构经重组而产生的。

作为阿卡莎维度的以太是终极实在，它的梯度渐变是运动的原初动因。力是一种由此而产生的应力效应（是亚原子粒子的以太孤子模式的变形），这种应力效应是在梯度渐变被叠加时所产生的。

关于以太的新概念

亚量子动力学是一种统一场论，它对微观物理现象的描述有一般系统论为其理论基础。它把亚原子粒子设想为通过在亚量子媒介内部进行自组织而得到定位的图灵波，这种亚量子媒介起到一种反应扩散系统的作用。这种不会膨胀的媒介，可叫作内化以太，它组成了我们的宇宙中所有物理形式据以出现的基质。这种基质所需要的不只是三维描述，它不同于 19 世纪的机械性以太。这主要表现在，它是连续不断地活动的存在，它的各种各样的组成成分都在内化着。它们本身也发生着相互作用，并在空间中传播，这些相互交织的过程约束着这种以太成为有机统一体。

亚量子动力学的范式实质上不同于标准物理学由之而产生的范式。标准物理学把粒子看作封闭的系统，不论这些粒子是由力场约束在一起的亚原子粒子，还是由胶子把它们粘在一起的夸克。物理学在传统上都把自然看作由不可改变的结构所构成的最基本层次。与生命系统不同，生命系统要求与它们的环境具有连续不断的能量和物质流动，以维持其形式。传统物理学把粒子视为自足的存在，这些自足的存在为了维持其自身的存在，并不需要与它们的环境具有任何的相互作用。因此，经典场论导致的空间概念遭到了怀特海的批评，经典场论的错误在于把空间当作纯粹的简单位置概念。根据这种概念，物体只是有其位置，而与空间中的其他区域和其他时间流动没有任何关系。

怀特海则提出了与此不同的观点，他提出的空间概念表明存在着具有简单的统一过程，相互分离的物体在这个统一体中可以是"在空间和时间上联系在一起，即使它们不是同时期的。"亚量子动力学的以太（作为阿卡莎）满足了怀特海的概念。正如下面所要表明的那样，因为其非线性的、反应式的和相互作用的性质，亚量子动力学的内化以太能够大量产生亚原子粒子和光子，把以太显现为稳定的或内在一致地得以传播的以太梯度模式。在亚量子动力学背景下，我们能看到物理世界的存在，便是这种动力学的有机统一体存在的证明。这种统一性在处于低层的普遍基质中发挥作用，这种作用是我们感知不到的，它超出了最复杂的仪器所能直接探测到的范围。在本书中所提出的阿卡莎概念包含着怀特海的有机概念以及亚量子动力学中所包含的反应扩散以太概念，这为令人兴奋的新统一科学范式奠定了基础。

关于以太的概念，或者关于空间中的绝对参考系的概念，必然会与狭义相对论发生冲突。狭义相对论认为，所有惯性参考系都应当是平权的，光速应当是一个普适常数。然而，列举几个例子，萨格奈克（Sagnac）、格兰纽（Graneau）、斯沃图斯（Silvertooth）、帕珀斯（Pappas）和沃恩（Vaughan）所做的实验已经表明，相对参考系的观念已经站不住脚了，应当由绝对以太参考系的概念所取代。此外，由亚历克西斯·G. 奥博伦斯基（Alexis Guy Obolensky）所进行的简单实验已经使实验室中时钟库仑冲击的速度达到了 5c（c 为光速）。而且波德克莱特诺夫（Podkletnov）和莫丹尼斯（Modaness）报告说，他们已经测量到超导阳极的高压放电效应所造成的平行引力冲击波具有 64c 的速度。这些实验不仅彻底地反驳了狭义相对论，而且指明了信息能以超光速的速度传播。

然而，亚量子动力学并不否定存在着诸如速率依赖于钟慢和尺缩之类的"狭义相对论效应"。它在提出新概念以替代广义相对论的时空弯曲概念时，也不否定轨道进动的实在性、星光的弯曲、引力时间膨胀效应和引力红移效应。这些效应是作为其反应扩散以太模型的推论而出现的。

亚量子动力学的系统动力学

亚量子动力学受到了由针对诸如别洛索夫 - 扎波廷斯基（Belousov-Zhabotinskii，B-Z）反应和布鲁塞尔振子之类的开放化学反应系统所进行的研究的启发。在正确的条件下，布鲁塞尔振子反应系统的变量反应物的浓度可以自组织成稳定的反应扩散波模式，如图 F2-1 所示。

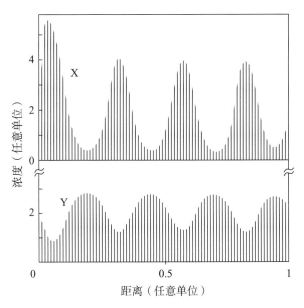

图 F2-1　布鲁塞尔振子 X 和 Y 变量浓度的计算机一维模拟图

这些模式叫作图灵模式，是为了纪念阿兰·图灵而取的名字，他在 1952年第一个指出这些模式对产生生物形态的重要性。作为一种选择，普利高津等人于 1972 年把它们视作耗散结构，因为这些模式的原初增长和随后的维持过程是由潜在的能量扩散反应过程的活动所造成的。除此以外，人们还发现，B-Z 反应传播着化学浓度面，或化学波，这在学校的化学实验室就可以轻而易举地被实验重现。

这两个反应系统中比较简单的布鲁塞尔振子系统是由下列 4 个动力学方程式所定义的：

$$(1\text{-}a) \qquad A \xrightarrow{\ k_1\ } X$$

$$(1\text{-}b) \qquad B+X \xrightarrow{\ k_2\ } Y+Z$$

$$(1\text{-}c) \qquad 2X+Y \xrightarrow{\ k_3\ } 3X$$

$$(1\text{-}d) \qquad X \xrightarrow{\ k_4\ } \Omega$$

其中的大写字母说明了各种反应种类的浓度，k_i 表示每一个反应的动力学常数。每一个反应都会产生其右边的结果，其速度等于左边的试剂浓度与它的动力学常数的乘积。反应的种类 X 和 Y 允许在时空中发生变化，同时 A、B、Z 和 Ω 保持不变。

这一系统限定着两条总体的反应路径，这种交叉连接便形成了 X-Y 反应循环。这种交叉耦合反应之一（1- c）是自动催化的，它容易产生一种非线性的 X 增长，而这要受到它的补充耦合反应（1-b）的约束。对这个系统的计算机模拟已经表明，当这个反应系统以其超临界方式运行时，X 和 Y 原初的均匀分布可以自组织成为一种得到良好界定的波长的波模式，其中 X 和 Y 相互参照对方而变化，如图 F2-1 所示。换言之，这些系统允许它们作为开放系统而自发地形成（熵得以减少），热力学第二定律只适用于封闭系统。

模型 G 以太反应系统

亚量子动力学假定了一种非线性反应系统的存在，它类似于布鲁塞尔振子反应系统，涉及下列 5 个方程，被称为模型 G：

(2-a)　　　　　A $\underset{k_{-1}}{\overset{k_1}{\rightleftharpoons}}$ G

(2-b)　　　　　G $\underset{k_{-2}}{\overset{k_1}{\rightleftharpoons}}$ X

(2-c)　　　B + X $\underset{k_{-3}}{\overset{k_1}{\rightleftharpoons}}$ Y + Z

(2-d)　　　2X + Y $\underset{k_{-4}}{\overset{k_1}{\rightleftharpoons}}$ 3X

(2-e)　　　　　X $\underset{k_{-5}}{\overset{k_1}{\rightleftharpoons}}$ Ω

　　动力学常数 k_i 表示某种反应向前进行的相对偏好，而 k_i 则表示相对应的反应向相反方向前进的相对偏好。所进行的这些反应在图 F2-2 中标出。

　　由于反应向前进行的动力学常数的值远大于逆方向的动力学常数，这些反应总的倾向不可逆地向右前进。然而，这些逆向反应，尤其是与反应（2-b）相联系的反应，则发挥着重要作用。这些反应不仅允许模型 G 建立电引力场耦合，而且如下所示，它也允许在原始的次临界点之下的以太中，系统自发地组成物质粒子（也就是耗散孤立子）。

　　鉴于布鲁塞尔振子和 B-Z 反应把化学媒介视为由各种反应与扩散分子组成的系统，亚量子动力学把充满太空的以太媒介视为由各种反应扩散以太种类即叫作"以太子"的东西构成的系统。由于表现为以 A、B、X 为标签的各种各样的以太种类（状态），这些东西在空间中扩散，并且以模型 G 所描述的方式相互发生反应。模型 G 实际上是产生物理宇宙的软件，拉兹洛称之为产生显相维度的"基质"。以太子不应当与夸克相混同。鉴于夸克理论提出夸克只存在于核子内部，每一个这样的粒子内部只有三个夸克，亚量子动力学便假定以太子有许多，是无处不在的。它们不仅居住于核子之内，也充满了全部空间，其数量密度为每立方费米 10^{25} 个，它们在其中发挥着所有粒子和场的基质作用。

X-Y 反应循环的自我封闭性——这在图 F2-2 中是异常明显的，允许模型 G 和布鲁塞尔振子产生有序的波模型。模型 G 类似于布鲁塞尔振子，唯一的不同是一个第三方变量 G 被引入反应，其结果是步骤（2-a）和（2-b）此时取代了布鲁塞尔振子的（1-a），所有其他步骤都保持不变。之所以引入这个第三方变量，是为了赋予该系统图灵模式在占主导地位的次临界环境内部，能自我稳定地定域成核的能力。

这种自动构成粒子的能力，是模型 G 成为产生物理上实在的亚原子结构的候选系统的原因。

以这种反应方程系统为基础，我们可以写出下列一组偏微分方程式，以描述所有这三个反应媒介 G、X 和 Y 作为时间与空间的函数，是如何在三维中变化的，其中 D_g、D_x 和 D_y 值代表着各自反应变量的扩散系数。

$$(3\text{-}a) \quad \frac{\partial G(x,y,z,t)}{\partial t} = k_1 A - k_2 G + D_g \nabla^2 G$$

$$(3\text{-}b) \quad \frac{\partial X(x,y,z,t)}{\partial t} = k_2 G + k_4 X^2 Y - k_3 BX - k_5 X + D_x \nabla^2 X$$

$$(3\text{-}c) \quad \frac{\partial Y(x,y,z,t)}{\partial t} = k_3 BX - k_4 X^2 Y + D_y \nabla^2 Y$$

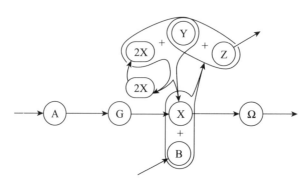

图 F2-2　由亚量子动力学所探索的模型 G 以太反应系统

这三个相对简单的微分方程是详细说明阿卡莎作用的数学脚本，阿卡莎的代谢功能构成了非膨胀物理宇宙产生的基质。G、X 和 Y 反应媒介的均匀分布将会对应没有物质和能量的真空空间。这三个变量浓度的变化将会对应可观察的电场和引力势场的构成，并且这些场构成的波模型反过来会构成可观察的物质粒子和能量波。以太子本身仍然是不可观察的。亚量子动力学会确定这种具有引力势的 G 浓度，大于占主导地位的均匀稳态浓度值的 G 浓度，即 G_0，将会构成正引力势，并且小于 G_0 的 G 浓度会构成负引力势。负 G 电势阱，即 G 以太浓度阱，将会对应吸引物质的引力势场，而正 G 势垒将会对应排斥物质的引力势场。

X 和 Y 浓度，这些以彼此相反的方式相互关联的存在，被认为等同于电势场。Y 浓度大于 Y_0 和 X 浓度小于 X_0 的这种结构，将会对应正电势，而相反的极，即低 Y/ 高 X，则会对应负电势。电势场的相对运动，或者 X-Y 浓度梯度的相对运动，会产生磁力（或电动力学的力）。正如费曼（Feynman）、雷顿（Leighton）和桑兹（Sands）于 1964 年所指出的那样，在标准物理学中，磁力可根据移动的电势场对带电粒子所产生的效果，在数学上唯一地表达，这便消除了磁势场项的需要。而且引力势场的相对运动，即 G 浓度梯度的相对运动，预计会产生引力动力，即磁力的引力等价物。

亚量子动力学以太会作为开放系统发挥作用，在这里以太子不可逆地通过一系列的"逆流而上"状态（包括状态 A 和 B）来转变，最终会占据状态 G、X 和 Y，并且随后转变为 D 和 Ω 状态，从那里开始通过一系列的"顺流而下"状态（见图 F2-3）。这种不可逆的系列转变规定了向量的维度线，叫作维度变换。我们可观察的物理宇宙将会完全被 G、X 和 Y 的以太状态所包围，它将留在这个变换后维度上的连接纽带上，这种连续不断的以太子转变过程作为我们宇宙的原动力发挥着作用。

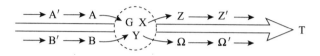

沿着 T 维排列。以太状态 G、X 和 Y 表示物理宇宙领域

图 F2-3　模型 G 以太反应框架的扩张

　　根据亚量子动力学，作为所有暂时事件中在物理上可观察的东西，时间之矢可归于亚量子转变过程的延续性。亚量子动力学允许平行宇宙构成我们宇宙的以太"逆流而上"或"顺流而下"。无论在什么地方，当这种以太反应流相向地交叉，组成一种类似于模型 G 的反应循环时，都有这种可能性。然而，尽管这种物质性宇宙诞生的机会是存在的，但由于这种以太反应参数需要非常精确的值，以便产生必需的作为建筑砖块的核子，它实际形成的可能性非常小，几乎趋近于零。

　　由于以太子既会进入也会离开构成我们物理宇宙中物质实体和能量波的以太子状态，我们的可观察宇宙对以太子的通过量保持开放状态。也就是说，我们的宇宙是作为开放系统发挥作用的。在这个系统中，有序的场模式会自动地出现于均匀场模式的分布中，或它们会逐渐溶解为同质状态，这取决于该反应系统的临界状态。

　　在模型 G 中，系统的临界状态是由变量 G 的值所决定的。充分的负 G 势会创造超临界状态，这种状态允许物质构成和光子蓝移，而在星系空间占主导地位的负 G 势值则会创造次临界条件，这会引起厌光光子红移，这会说明人们所观察到的宇宙红移现象。

　　亚量子动力学的内化以太与尼古拉·特斯拉提出的以太概念具有某种相

似性。他提出了一种类似于气体的以太，这种以太受到一种"赋予生命创造力"的作用，当它被抛进无限小的漩涡中时，会产生有重量的物质；他还提出，当这种力减弱和运动停止之时，物质就会消失，只剩下这种以太。在亚量子动力学中，这种原动力叫作以太力。而作为结果的以太子从一种状态到另一种状态的转化则叫作以太流动。

这种内化以太也与贝赞特和利德比特（Besant and Leadbeater）的描述相呼应。他们早在 1895 年就说过："以太不是同质的，而是由许多种的粒子构成的，它们不同于构成它们的精细实体的聚集。"关于亚原子粒子，即他们所说的"终极物理原子"，他们阐述道："它是由生命力之流构成的，并随着生命力之流的衰退而消失。当这种力在'空间'中出现时……原子就形成了；如果对一个单一的原子而言，这种力被人为地中止了，这个原子就消失了，什么东西都不会留下。假设，这个流只在某个瞬间被检验，整个物理世界都会消失，像一片云融化在天空中那样。只是由于这个持续存在的流，宇宙的物理基础才会维持着。"同样地，亚量子动力学把我们的可观察物理宇宙看作一种副现象，它由作为开放系统而起作用的高维以太活动所产生。

单性生殖：从零点涨落中创造的物质

根据亚量子动力学，物质性粒子是在以太真空状态里自发产生的电势和引力势涨落过程中形成其自身的核的。由于以太子是以马尔可夫方式起作用和转变的，全部以太子种类的以太浓度将会随机地高于或低于其稳态值而变化，这些涨落的大小符合泊松分布（Poisson distribution）。人们已知这种涨落存在于诸如 B-Z 反应之类的反应扩散系统的化学反应中，并且它们的存在也是布鲁塞尔子系统的理论所假设的，因而在模型 G 的反应以太中也是如此。因此，亚量子动力学推测，随机的电位和引力势涨落应当自发地产生于整个太空之中，既在场梯度存在的区域中产生，也在不存在场梯度的区域中产生。

这种观点在某些方面类似于零点能量（ZPE）背景的概念，但是它们之间具有一些区别。在传统物理学的理论中，零点能量涨落具有与亚原子粒子的静止质量能匹配的能量，并且它作为粒子 - 反粒子对而出现，并会迅速地湮灭。结果是，人们流行引用的，高到难以令人置信的空间零点能量密度值大约是 $10^{36} \sim 10^{113} \text{ergs/cm}^3$。但是，由于它们的极性配对，它们不能使物质形成核。相比较而言，亚量子动力学不接受真空"因虚拟粒子和反粒子而沸腾"的观念。它建立的理论所估计的真空能量密度远低于零点能量密度，略小于 1ergs/cm^3，或小于流行的 2000k 辐射能量密度。尽管如此，由于这些涨落是不成对的，它们潜在地能够产生物质性粒子。但是，这只在足够大尺度的涨落出现时才会发生，绝大多数涨落太小了，不能达到所需的亚量子能量临界值。

假定这种动力学常数和以太反应的扩散系数被确定得恰到好处，使这个系统得以处于次临界状态但又接近于临界阈限，那么，足够大的自发产生的正零点电势涨落（也就是由低 X 浓度或高 Y 浓度构成的临界涨落），由于 X 的进一步减少和 Y 的进一步增加，便能够打破原始真空状态的对称性，从而产生所谓图灵分叉。也就是说，它能够改变原初统一的电势和引力势背景场，这个场可限定某种真空状态，使其具有定域的稳态周期性结构。根据亚量子动力学，这种自然产生的波模式将会形成初期的亚原子粒子中心的电场和引力场结构。

模型 G 的一个优势是，以负 X 电势为特征的正电势涨落通过相反的反应 $X \xrightarrow{k_{-2}} G$，也会产生一种相应的负 G 电势涨落。这会反过来产生一种定域的超临界区域，它会允许这种种子式的涨落持续存在并持续增长其尺度。结果，如果这种以太反应系统最初处于次临界真空态，假定它的运作足以接近临界值，那么最终就会产生涨落。这种涨落足够大，可构成超临界区域，并使亚原子粒子形成核（即中子）。因此，自发的物质和能量创造过程在亚量子动力学中是允许的。

每一个原初中子一旦得以形成，就会经历 β 衰变而成为质子和电子，并且最终它们会结合起来，组成氢原子。据预测，这些作为原型的中子在现存的亚原子粒子（即质子）附近有很大的核化概率，因为它的引力势阱会产生极大的超临界区域。因此，氢原子将会倾向于产生更多的氢，并且有时会转变为更高质量的核，以便组成重氢和氦核。与大爆炸理论不同，亚量子动力学认为原生的太空相对寒冷，它只被偶尔出现的原初中子所释放的 β 衰变能所加热。结果，到处分布的气体最终会浓缩成原初的小行星体。由于亚量子动力学预测在已有物质附近粒子创造的速度更快，每一小行星体最终成长为行星，然后成长为母星，母星再产生子行星和恒星。随着进一步生长和演化，这些恒星聚集成原始的星团，这些星团最终成长为小的椭圆星云。后来，随着其中心特大质量的母星开始爆炸性地活动，它便逐渐地转变为螺旋星云，并最终成为巨大的椭圆星云。

亚量子动力学与膨胀宇宙假说或大爆炸宇宙假说是不相容的。它要求内化以太在宇宙论上是静止不动的，并且星云除了自身的随机本动以外，相对于它们的定域以太框架是静止的，因为任何宇宙膨胀都会引起这种以太的反应物浓度逐步地随着时间而减少，并且其临界状态会彻底地改变。此外，大到足够在一个单一事件中创造宇宙中所有物质和能量的零点能量涨落将会在实质上不可能存在，大爆炸创造事件因此被排除。

这种"单性生殖"的、产生了原始中子的通过秩序涨落的过程在图 F2-4中显示出来，它代表着连续的框架，是用 3D 计算机模拟方程系统（3）的框架。球对称是作为随意的假设而作出的，以减少完成这个模拟程序所需的计算时间。模拟程序的持续时间包含着 100 个任意时间单位和 100 个任意单位的物理衡量标准，从 –50 到 +50 个单位，1/5 的体积表示在图表之中。真空边界条件是被假定的。这些空间和时间单位是无量纲的，意思是这些计量单位没得到规定。为了实现粒子的成核过程，负亚量子 X 以太涨落 $-\phi_x(r)$被引到空间坐标 r = 0 上。这种涨落的升高和降低达到了它的最大值——10个时间单位之 –1，或模拟方式的 10%，并且在 20 个时间单位时减少到零（平坦线），或那种模拟的 20%。这种反应系统迅速生成一种互补的正 Y 电势涨落 $+\phi_y(r)$，它同 X 涨落一起构成了一种正电势涨落，并产生了负电势涨落 $-\phi_g(r)$，这种负电势涨落构成负电势阱。这在第二个框架中当 t=15 单位时是明显的。这种处于核心的 G 阱能产生一个充分大的超临界区域，可使得这种涨落迅速增长其尺度，并最终发展为自动的特殊离散结构。在最后一个图中 t=35 单位时，可看到这种结构的充分发展。

这时所展示的粒子将会表现为中子。它的电场构成了高 Y/ 低 X 极性的高斯中央核心，这种极性的周围是一种同轴球壳模式，X 和 Y 在其中表现为逐渐衰退的振幅高低极值而交替出现。由于这是一种反应扩散波模型，我们可以恰当地称这种周期性或频率为该粒子的图灵波。这种反中性子将会有相反的极性，高 X/ 低 Y 以 G 势垒为中心。

中子核中的正 Y 势场（负 X 垒势场）相当于正电荷密度的存在，并且在低势和高势间交替出现的这种外壳模型，还构成了交替出现的正负电荷密度的壳。然而平均而言，这些电荷密度在中子的情形下抵消为零，这就是为什么图 F2-4 中列出的模拟中子的图灵波相对于周围的零电势，既无正偏压也无负偏压的原因。

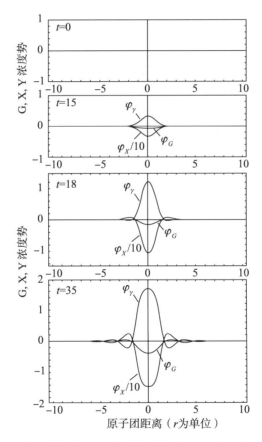

表示耗散结构粒子的自发产生：t=0，最初的稳态；t=15，带正电荷的核在 X 种子涨落消退时的增长；t=18，周期性电场图灵波模式的发展；t=35，成熟的耗散结构粒子保持其自身的超临界核 G 阱。

（由普尔弗 [M. Pulver] 所做的模拟）

图 F2-4　模型 G 的计算机模拟三维连续图

这些正负电荷密度一定会表现为这种粒子的惯性静止质量。图灵波的波长越短，它的振幅就越大（它的以太子浓度波的波幅就越大），这种相关粒子的惰性质量也会越大。由于加速度需要这种粒子的图灵波耗散空间结构的结构转换和活动，该粒子的加速阻力，即其惯性，应同其图灵波电荷密度的大小成正比，也就是说，同必须重组的负熵量成正比。

亚量子动力学进一步要求，为了使模型 G 在物理上是实在的，它的动力学常数值、扩散系数和反应剂浓度的选择应当满足如下条件：自然发生的图灵波的波长等于它所表示的粒子的康普顿波长 λ_0，这与粒子的静止能量 E_0 或者它的静止质量 m_0 有关，以公式表示如下：

$$(4) \qquad \lambda_0 = hc/E_0 = h/m_0c$$

这里，h 是普朗克常数，c 是光速。核子的康普顿波长经计算是 1.32 费米（$\lambda_0 = 1.32 \times 10^{-13}$ cm）。粒子的核电场应当有康普顿波长周期的预言，自那时以来一直被粒子的散射实验所证实。此外，与薛定谔关于粒子的线性波包表现的观点不同，这种观点有一种不幸的倾向，即随时间的发展，由模型 G 所预言的定域耗散结构却保持着它们的相干性，因为潜在的以太扩散反应过程不断地在同熵增过程作斗争。因此，量子力学中所使用的薛定谔波方程为表示微观物理现象提供了一种原始的线性近似值。这种量子层次由诸如模型 G 之类的非线性方程得到了较好的描述。

由于这种图灵波粒子表示法把粒子和波的相位合并起来了，我们就无需接受关于量子相互作用的波粒二元论观点。而且这种图灵波亚原子粒子已经被用来定量说明粒子衍射实验的结果，因而消除了那些标准理论（依赖于对薛定谔波包概念的德布罗意波解释）中所产生的悖论。它还正确地导出了玻尔关于氢原子的轨道量化公式，同时预言了基态轨道电子的粒子波长，它比薛定谔的波包预言小大约 1 400 倍。这种更为紧凑的电子表示法允许存在直径更小的、具有分数量子数的亚基态轨道。有几位研究者，例如约翰·埃克尔斯（John Eccles）和兰德尔·米尔斯（Randall Mills），宣称他们已经开发出诱导电子跃迁进入这种亚基态轨道的方法，并据此方法从淡水中提取出巨大的能量。在亚量子动力学图灵波概念基础上重新阐述量子力学会打开一道大门，使我们可理解和开发出新的环境安全技术。

在抛弃薛定谔波包及其描述质点不确定位置的相关概率函数的同时，也可以抛弃对神秘的"波函数塌缩"的哥本哈根解释，这是因为量子"存在"通过测量就会确定它要么是波，要么是从粒子。杜尼（Dewdney）等人于1985 年通过实验表明，粒子的位置在实在的意义上被定义为先于它的德布罗意散射的事件，并由此推断出在这个特定情形下，波包塌缩概念是有缺陷的。我们还应当能够避免在观察纠缠的粒子或光子的偏振实验中使用这个塌缩概念。总之，人们在对这种物理概念背后机制的领悟还在不断加深，因而它主要是作为一种掩盖下列事实的方便机制而被广泛使用，即物理学家们目前对亚量子领域的活动方式，还只有可怜的理解。

当中子自发地获得正电荷并转化为质子时，它的 X-Y 波型便获得正偏压，如图 F2-5 所示（右边阴影区）。这种偏压现象在分析布鲁塞尔振子时可以看到，在现存有序状态经历次级分叉时在模型 G 中也存在。中子向正偏压质子的跃迁，最好参考与表现非平衡化学反应系统中有序态表象相类似的分叉表（如图 F2-6 所示）来理解。

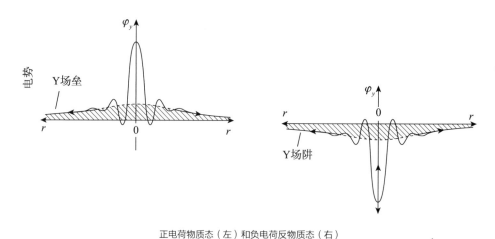

正电荷物质态（左）和负电荷反物质态（右）

图 F2-5　质子和反质子的放射状静电势分布图

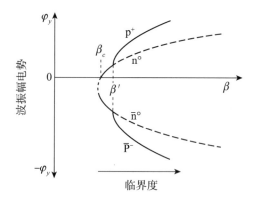

第二个分岔越过分岔点 ß′ 时会产生静电荷

图 F2-6　核粒子构成的假想分岔图

　　中子在真空态中的产生可表示为向上层基本分叉的跃迁，这是越过临界阈值 β_c 的分支。越过临界值 ß′，这种一级枝就会随着质子解分支的出现而经历次级分叉。这种跃迁可在 β 衰变现象中观察到，它也包含在这里没有画出的电子和反中微子的产生中，也就是，$n \rightarrow p + e^- + \bar{\nu}^\circ + \gamma$。

中子向带电质子状态的跃迁包含着它的核中每单位体积 Y 的额外产生率，外加相应的每单位体积 X 的额外消耗率。这会引起其中心 Y 浓度中的正偏压和其中心 X 浓度中的负偏压，后者又会反过来迅速地向外扩展，使粒子的整个图灵波型偏斜。这种扩展后的场偏压构成了粒子的长程电场。分析表明，这种势偏压会反比于辐射距离而衰减，正如经典理论所预言的那样。事实上，亚量子动力学可导出所有经典静电学定律，以及所有经典引力定律。

应当牢牢记住，构成质子的图灵波型并且与其惯性质量有关联的荷密度，不同于中心偏压它的图灵模型并产生了该粒子的长程电场的电荷。前者的周期性密度表现为该粒子与均匀的稳态解最初分叉的结果，而后者的非周期偏压表现为它与现存的稳态图灵解的次级分叉结果。

根据舍温 - 罗克利夫（Sherwin-Rawcliffe）实验的结果（Phipps），我们可以推断出，该粒子图灵波场的创造和之后的位移本质上将会是瞬间的，或者以极高的速度超光速向外传递。亚原子粒子的长程电势和引力势场向外活动的边界，同样也会如此。在他们的实验中，舍温和罗克利夫于 1960 年使用质谱分析法测量足球形状的 Lu^{175} 原子核，以检验是否存在线性分裂所导致的失效结果。这表明大部分镥（luterium）原子核的质量表现为标量而不是张量，这意味着它的库仑静电场严格地随其核而运动，因而能够创造瞬间的远距作用。因此，传统的推迟作用的实践在速度为 c 时将是不适当的。

亚量子动力学推动人们对力、加速度和运动这些概念有了全新的理解。根据亚量子动力学，能量势场（以太浓度梯度）被视为实在的存在和运动的最初动因，"力"被视为派生的显现；也就是说，力被解释为该潜在梯度对物质粒子所产生的应力效应，这是由它在构成该粒子的场模式空间结构上所显示出来的扭曲所造成的。粒子通过自我平衡的调整而缓解这一应力，这导致跳跃性的加速度和相对运动。

粒子散射确认

　　由亚量子动力学所预言的核子电势场的图灵波结构已被粒子散射实验所确认，该实验使用了反冲极性技术。凯利（Kelly）于 2002 年通过使用相对论的拉盖尔 - 高斯扩张方法来表示电荷和磁化密度的径向变异，获得了对于粒子散射形式关键数据的良好调整，参见图 F2-7。这种调整的周期性在电荷面密度（$r^2\rho$）以图 F2-7（a）和 F2-8（a）所示的射线距离分布时更加明显。凯利的电荷密度模型预言，质子和中子都有高斯函数形状的正电荷密度核，它们的周围环绕着具有接近于康普顿波长的周期电势场。此外，他还提到，除非这种环绕的周期性被包括在考虑之中，否则，他的核子电荷和磁化密度模型不会很好地符合波形数据。

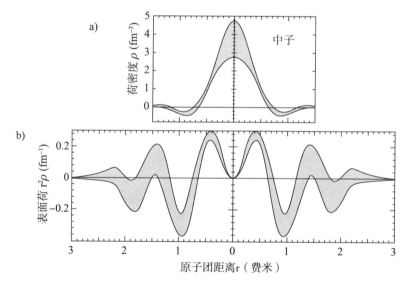

图 F2-7　a）凯利的偏重于拉盖尔 - 高斯膨胀模型所预测的中子荷密度分布图；
b）相应的表面荷密度分布图

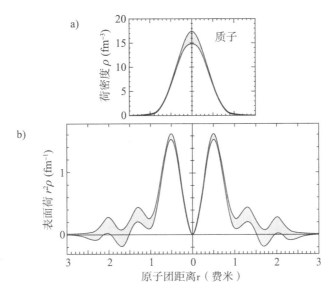

图 F2-8　a）凯利的偏重于拉盖尔 - 高斯膨胀模型所预测的中子荷密度分布图；
b）相应的表面荷密度分布图

因此，我们便有一种对亚量子动力学物理学方法论核心要素的极好证明，关于它的预言是在 20 世纪 70 年代中期最早作出的，那时人们仍然按照经典场论把核子中心的场看作迅速上升到核心尖端的东西。还须注意的是，凯利的模型确证了质子核场的正偏压，这种作为该粒子之核心而增加的偏压过程是逐渐进行的（比较图 **F2-8b** 所示的增强过的观点与图 **F2-5**）。进一步讲，正如在亚量子动力学模型中所述的一样，凯利的模型表明了核子的外围周期振幅随辐射距离的增加而减少。

模型 G 所进行的模拟表明，图灵波型的振幅随辐射距离（ $r < 2\lambda_0$ ）增加，在 r 较小的情况下正比于 $1/r^4$ 而减小，它近似于在凯利模型的荷密度最大值上所观察到的射线衰退。模型 G 粒子图灵波型在射线距离越大时衰减得越快，当 $r \approx 4\lambda_0$ 和 $1/r^{10}$，当 $r \approx 6\lambda_0$ 时衰减为 $1/r^7$。这可与标准理论相比较，该理论

提出原子核力衰减为 $F_n \propto 1/r^7$。这种定域粒子波型只当额外增加的 G 变量被引入模型 G 反应系统时才成为可能的。它允许粒子在最初的次临界环境中自我成核，同时在它们的次临界真空状态中留下遥远的空间区域。因此，如果我们把由单一种子涨落所造成负熵的量进行量化，把场电势 $|\phi_x|$ 或 $|\phi_y|$ 的总量组成粒子波型，我们就应当会发现它会收敛为确定的值，可同活动的量子论的观念相比较。另一方面，两个可变的布鲁塞尔振子不会产生定域的结构。模拟实验表明，布鲁塞尔振子中的种子涨落只有当该系统最初在超临界状态中运行时才会产生秩序，反过来它也会引起其整个反作用量充满于最大振幅的图灵波模型之中。因此，在布鲁塞尔振子中，一个单一的种子涨落可能会产生无穷大的负熵或结构。

对模型 G 以太反应模式的确认 —— 这是粒子散射实验中即将解决的问题，会引导我们把亚原子粒子看作有组织的存在或系统，它的形式是通过在低层级存在的多种粒子结构能动的相互作用而创造出来的。因此，我们发现物质的结构，即它在观察上可确认的图灵波特征，可作为潜在的怀特海的动力学和相互作用的基质存在证据，这种基质正是各种古代文化中通常以以太、阿卡莎、道或宇宙海洋等不同名称来命名的东西。亚量子动力学实际上有非常古老的渊源。

当代夸克模型不能预言核子电场的周期性特征。在人们能够合理地说明这一特征之前，任何夸克模型都不可能被设计出来。夸克本身，或者在理论上把夸克约束在一起的"胶子"行为特别，没有任何脚本告诉它们应当如何以所要求的那种复杂方式围绕中心"跳舞"，以便产生某种扩展的周期性场模式。亚量子动力学，作为夸克理论的可行替代者，则在几个方面有所不同，其中之一是它对质量、电荷和自旋起源的处理采取了不同的方式。夸克理论并未试图说明惯性质量、电荷或自旋是如何出现的，夸克理论只是假定它们是以分数形式存在于夸克中的物理属性，它们以一式三份总和的形式表现为核子中可探测到的相应属性。相比较而言，亚量子动力学的以太子反应物则具有质量、电荷或自旋。这些属性只是被预言出现在量子层级，并且它们令人惊讶地可以作为模型 G 反应的推论出现。质量和自旋，作为亚原子粒子的属性，出现在粒子被创生的时刻，而电荷，作为较早被人们注意到的东西，则出现在原初图灵分叉的次级分叉上。所有物质的基本属性都出现在了亚量子动力学理论可把握的方式之中。

保罗·A. 拉维奥莉特简介

博士，在一家跨学科研究机构，即星爆基金会（Starburst Foundation）担任总裁，并有系统科学和物理学方面的高级学位。《Genesis of the Cosmos》、《Earth Under Fire》、《Decoding the Message of the Pulsars》、《Secrets of Antigravity Propulsion》和《Subquantum Kinetics》的作者，现生活在纽约。

假设二：一般量子场

彼得·亚库波斯基（Peter Jakubowski）

彼得的研究提供了定量证明，表明整个当代物理学及其所有方程、单位和常量，都可以根据解释宇宙的阿卡莎维的一般量子场论而重新定义和统一起来。一般量子场只有通过其量子的涨落才成为可观察的现象。这些涨落可在量子场中运动，存在一定时间，然后消失。我们日常所见的现象世界是由这些涨落构成的。

当代物理学的基本方程表现为由各种物理量所组成的"统一家族"中的各种关系，而据推论，这些物理量是由一般量子场所产生的。一般量子场并不需要通过超越普朗克常数和基本电荷的观察和实验上可测定的值来定义。全部物理量所组成的统一家族可以"产生"所有的物理方程，这些方程就是这些物理量之间的关系。这些方程表现为它们量子化的、相对的和不依赖于物质的形式。

—— 欧文·拉兹洛

导论

我们对宇宙中隐藏不露维度的物理属性的了解，已开始作出一个在当代科学中具有稳定的地位的假设。这一研究表明，阿卡莎维的物理属性是描述宇宙中全部物理现象的根据。

为了创立一种新的物理学，我们需要证明纯粹的物质性一般量子场如何能重新定义当代物理学，并能使整个当代物理学如何同它的所有方程、单位和常量统一起来——当代物理学只是由两个"经典"值，即普朗克常数 h 和基本电荷 e 所支撑的。

我们首先描述一下一般量子场，这个场只有通过其量子的涨落才成为可观察的现象。涨落在量子中运动，存在一定的时间，然后再次消失。可观察的世界只不过是由这个涨落所构成的世界而已。

这样说是正确的，但是还不够。我们需要一种完整的物理学，它能给我们描述这个已知世界的各种物理量。

一、量子场物理学

我们如何来描述涨落的特征？我们可以把它看作具有其量子波矢量 **k** 和传播速率的量子速度 **c** 的客体（我们以黑体字母来表示所有矢量物理量）。我们在下面简单地把这两个基本的物理量写为 **k** 和 **c**。这些量相互之间的关系是什么？我们根据 **k** 和 **c**，可以定义其他什么样的物理量？这些其他被定义的物理量之间有可能存在其他什么样的关系？为了回答这些问题，且让我们引入下列二维表（图 F2-9），这像一个棋盘，它给我们希望定义和建立关联的每个基本的物理量都留有一个位置。

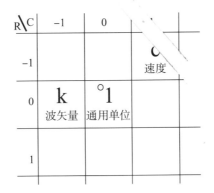

一些包括 **k** 与 **c** 矢量在内的物理量。它们与一般的标量单位一起，

在所有物理量的统一家族中占据核心的位置

图 F2-9　统一家族的核心部分

图 F2-9 表示的是统一家族的核心部分，该家族具有量子波矢量 **k** 和处于该家族"万有统一体"附近的量子速度 **c**。这个统一体 - 量在该家族中发挥着重要作用，因为许多传统上所使用的物理量彼此之间都是简单的反比关系，所以我们不必分别来定义它们。例如，我们能直接地定义量子长度矢量 **r**，它与波矢量 **k** 成反比关系，**r**=(1/k) ǔ，其中 ǔ 是对应单位矢量。我们把它

放在与 **k** 相对的位置，在万有统一体的右边，如图 F2-10 所示。

我们的第一个问题是：基本的物理量 **k** 和 **c** 相互之间是什么关系？我们唯一能给出的关系是这两个矢量的矢量积。它定义了作为二重向量 ≫ f ≪ 的涨落的量子频率。二重向量是有指向的平面，在这里是一个具有确定的沿 **k** 和 **c** 的循环的 **k** 和 **c** 之上的平面。这在图 F2-10 中有所标注，并且在以下所有图形中都用双线标在这个二重向量之上。

$$(1)\ \gg f \ll = k \wedge c$$

R\C	-1	0	1
-1	$\bar{\bar{f}}$ 频率		**c** 速度
0	**k** 波矢量	$\overset{\circ}{1}$ 通用单位	**r** 长度
1		$\bar{\bar{t}}$ 时间	

所有物理量统一一家族的核心部分。量子频率二重向量 ≫ f ≪ 被下面的方程（1）所定义。

量子时间 ≫ t ≪ 是它的倒数：≫ t ≪ =（1/f）u ≪，其中 ≫ u ≪ 为单位二重向量。

矢量长度 r 与波矢量 k 互为倒数，r=(1/k)û，其中 û 为单位矢量

图 F2-10　核心部分的第一次拓展

等式（1）不仅是对可观察世界统一描述的第一个物理方程，它在原则上是一般量子场唯一的基本方程。它所描述的是这个场每一个单独的涨落。从理论上说，这种描述不需要任何更多的东西，因为我们的可观察世界是由涨落唯一地构成的。

然而，我们想知道更多的关于世界的事情。如果是这样，我们就需要回答第二个问题：根据 **k** 和 **c** 我们能定义什么样的其他物理量呢？

在图 F2-10 中，已经有两个这样的量：这就是量子波矢量 **k** 的相反关系量和量子速率》f《。我们把波矢量的相反关系量 **k** 称作量子长度 **r**，这也是涨落的量子的大小。为其倒数的量子速率》f《在图 F2-10 中被称作量子周期（并被定义为》t《=(1/f)》u《，其中 》u《是单位二重向量），但是，它也意味着量子时间是二重向量，而不是经典物理学中的标量。这是我们的理论与对可观察世界的经典理解的第一个重大区别。在统一的量子化世界中，我们没有经典的、线性的时间之流，即从过去到未来的时间流动。一般的量子时间永远具有与某种量子系统对应的典型周期性意义，即使该系统是十亿光年大。量子时间不会流动，它会传播或循环。

我们现在考察，根据 **k** 和 **c**，我们能进一步定义什么样的物理量。我们可把图 F2-10 右边的平面扩大，因而获得图 F2-11。

如下面所示，重复两次万有统一体与量子长度 **r** 的乘法运算，我们就可获得双矢量子区域》A《（》A《=$r_1 \wedge r_2$）。把它与 **r** 相乘再次得到量子的涨落量 V（V=》A《 ***r**，其中 * 是指本征乘积），它与量子动量 **p** 是相等的。最后，我们把它与 **r** 相乘，得到量子作用标量 J，J=**p*****r**(=》A《 * 》A《)。

R\C	-1	0	1	2	3	4
-1		$\overline{\overline{f}}$ 频率	**c** 速度			
0	**k** 波矢量	$\overset{\circ}{1}$ 通用单位	**r** 长度	$\overline{\overline{A}}$ 面积	**p** 动量	$\overset{\circ}{J}$ 作用量
1		$\overline{\overline{t}}$ 时间				

两次连续乘万有统一体与量子长度 r，我们得到二重向量区域》A《，

量子涨落矢量 V（与量子动量 p 等价），最终得到量子作用标量 J，J=p*r(=》A《*》A《)

图 F2-11 核心部分的第二次拓展

但是，我们如何知道涨落量 **V** 等于它的动量 **p** 呢？我们需要对此进行检验。如果它能与统一家族的其他成员一起起作用，它就是正确的。因此，如果我们选择了动量的正确位置，那么我们也能得到作用力的正确位置。这是因为关于角动量的作用力的经典的和量子的等式已经如上给定了：$J = \mathbf{p}^{\bullet}\mathbf{r}$。

且让我们检验一下线性的角动量的位置。考察一下什么样的物理量能够填入图 F2-11 中的 –1 行。根据牛顿的经典物理学，我们可以假定，把角动量 **p** 乘以速率 $\gg f \ll$，可以得到力 **F** 的矢量正确位置，$\mathbf{F} = \gg f \ll {}^{*}\mathbf{p}$。因此，我们把力 **F** 放在第 3 列与 –1 行的交叉点。

我们也知道，力乘以长度得到能量。如果我们把能量 W^{+}[1]放到力的右边（–1 行的第 4 列），那么我们就必须把它定义为二重向量 $\gg W \ll = \mathbf{F} \wedge \mathbf{r}$。最后，我们注意到，同一行第 2 列中的物理量一定是速率 Φ_f 的标量流，因为它等于（二维的）量子速率 $\gg f \ll$ 乘以量子区域 $\gg A \ll$，$\Phi_f = \gg A \ll {}^{*} \gg f \ll$。

为了完成统一家族的动力学平面，我们需要量子质量 m 的正确位置。这在图 F2-12 中已经表示出来。

R\C	–1	0	1	2	3	4
–1	$\overline{\overline{f}}$ 频率	c 速度	$^{\circ}\Phi_f$ 频率通量	F 力	$\overline{\overline{W}}$ 能量
0	k 波矢量	$^{\circ}1$ 通用单位	r 长度	$\overline{\overline{A}}$ 面积	p 动量	$^{\circ}J$ 作用量
1	$\overline{\overline{t}}$ 时间		$^{\circ}m$ 质量			

我们假设的为了与已定义的物理量建立恰当联系的量子质量 m 的位置。

这些物理量包括 p，J，F 和 $\gg W \ll$

图 F2-12　核心部分的第三次拓展

---

[1] 我们必须用符号 W 表示能量，因为在统一家族中，标准符号 E 必须留下来表示电场的长度。

简要地分析一下已经得到定义的那些量之间的已知关系，可证明所推断的标量质量 m 位置是正确的。

沿图 F2-12 中的行和列的对角线再进一步，会使我们从万有统一体到达量子速率 c。这表明沿这条线或平行方向行进的每一步都意味着与量子速率 **c** 相乘。这会得到下列关系：m*c = p; p ∧ c = ≫ W ≪ , m*(c₁ ∧ c₂) = ≫ W ≪。

我们现在要问：对于这里定义的物理量的单位，我们知道一些什么？如果量子质量正确地包含在统一家族里，那么，我们就有下列单位定义，千克：kg = m²s（因为在 1 行中的关系：≫ t ≪ * ≫ A ≪ = ≫ A ≪ * ≫ t ≪ = m）。

我们现在检验这个定义。在经典物理学中，力的单位应是 kg·m/s²。用千克定义，我们可导出 N=m²s·m/s²=m³/s。由于关系 F* ≫ t ≪ = p（在第 3 列），我们可获得作为动量单位的量 m³，并且这也是体积 V 的单位。可以得出结论说，量子体积 **V** 与量子动量 **P** 是地位相同的物理量，并且因此它们占据着统一家族中的同样位置。

现在，能量的单位是焦耳：J = N·m = kg·m²/s² = m²s·m²/s² = m⁴/s。我们的第 4 列给出了量子作用的关系 J= ≫ W ≪ * ≫ t ≪。它对作用力单位给出的是整合的 m⁴，体积单位被米乘。量子作用的位置也被正确地选择了，这是极为重要的。这意味着我们能采用著名的普朗克常数值 (Ju = h = 6.626076 ×10⁻³⁴ J·s)，并用其四次方根来计算可观察世界中量子大小的普适值：r_u = 5.073575 × 10⁻⁹m; (r_u^4 = h)。

我们已经确认了图 F2-12 中所有物理量的位置是正确的，现在我们可阐述关于这一点的最重要发现。首先，量子频率是二维向量；它的流量 Φ_f 描述了涨落的循环或旋转。其次，量子时间不会流动，只会循环；它永远具有某种或短或长的周期。再次，能量的量子不是经典的标量，而是二维向量。这就是说，能量子包含着我们在传统物理学中通过能量载体，即光子的属性所增加的全部信息。每一个能量子都携带着其自身的自旋和空间定向。在统一物理学中，我们并不是既需要能量子，也需要光子；我们根本不需要光子，因为统一的能量子就是它们自身的能量载体。而且，宇宙的普遍"建筑砖块"不是原子或分子客体，它们是纳米尺度的涨落。最后，我们已经发现了某种特别有希望的东西：我们不再需要任何千克标准。我们已能根据其典型的量子周期及其大小（或根据任意其他两个物理量）来计算量子客体的质量。

且让我们现在完成统一家族。首先我们要完成其动力学平面，如图 F2-13 所示。

R\C	−3	−2	−1	0	1	2	3	4
−3					G 引力常量			
−2				$\overset{\circ}{f^2}$ 频率平方	a 加速度	$\overline{\overline{c}}^2$ 速度平方	fF 含时力	$\overset{\circ}{P}$ 功率
−1				$\overline{\overline{f}}$ 频率	c 速度	$\overset{\circ}{\Phi_f}$ 频率通量	F 力	$\overline{\overline{W}}$ 能量
0	n 密度	$\overline{\Delta}$ 量子拉普拉斯算子	k 波矢量	$\overset{\circ}{1}$ 通用单位	r 长度	$\overline{\overline{A}}$ 面积	p 动量	$\overset{\circ}{J}$ 作用量
1		$\overset{\circ}{\sigma}$ 电导	ρ_m 质量密度	$\overline{t}$ 时间	km 线质量密度	$\overset{\circ}{m}$ 质量		
2		$\overline{\overline{\varepsilon}}$ 电介质常量	C 电容	$\overset{\circ}{\Phi_\varepsilon}$ 光学区域				

图 F2-13   属于统一家族动力学平面的最频繁使用的物理量

图 F2-13 列出了构成物理量统一家族的动力学基础的全部物理量。正如我们已知道的那样，在这些量中，有一些量只不过是其他量的相互关系量，如图 F2-12 已表明的一样。量子拉普拉斯算子 ≫ Δ ≪ 只与量子区域 ≫ A ≪ 成反比关系，而量子密度 n 则与量子体积 **V**（别名动量 **p**）成反比关系。量子质量密度 ρ_m=(m/**V**) **u** 或 P_m^***V** = m)；另一发现产生于我们对统一质量的定义。

我们称作"频率的平方"和"速度的平方"的物理量的位置也可能是明显的。它们相应地被定义为 f^2= ≫ f_1 ≪ * ≫ f_2 ≪ 与 ≫ c^2 ≪ = $c_1 \Lambda c_2$。它们经常被用于传统数学物理中。此时，注意以下情况便足够了：频率平方与光学区域成反比关系（在某些特殊光学方程中使用），并且速度平方与所谓电介质因子 ≫ ε ≪ 的成反比关系（因为众所周知的关系 ≫ ε ≪ * ≫ c^2 ≪ =1）。然而，这个关系意味着电介质因子，如它的流动一样（光学区域），属于统一家族的动力学平面。而且，产生于电介质因子与量子长度 **r** 相乘的电容量，C = ≫ ε ≪ *r，属于这个平面。虽然"电介质因子"和"电容量"这些名字包含着某些新意，但是这些量在传统上都被定义为纯动力学的量，而不是电动力学的量。

为了在统一家族中恰当地引入电导性，我们需要定义其电力学平面。我们在下面将要建构它，但是首先我们需要处理图 F2-13 中动力学平面上部某些重要的物理量。

要为量子加速度 **a** 找到正确的位置相对比较容易。它属于如下方法所界定的位置：量子速率 c 乘以量子频率 ≫ f ≪，或者频率的平方乘以量子长度 **r，a**= ≫ f ≪ *c = f^2*r。另外，显然量子的功率应当位于能量之上，因为它作为能量的数量定义，是在特殊的时间周期中被"应用的"或"使用的"，P = ≫ f ≪ * ≫ W ≪。其他界定的关系是 **P = F*c** = ≫ f ≪ *F*r。后者还界定了物理量 **fF** 的位置（我适时地称之为力，因为它描述的是对应的量子周期期间量子力的电荷≫ t ≪（正如≫ f ≪的反比关系一样）。加速度单位 (m²/s) 和力 (W = J/s) 直接产生于上述定义。

图 F2-13 最上一行最后一个物理量是统一家族次重要的发现。这个量子矢量叫作引力子 G，因为它在定义统一力上发挥着与引力常数在牛顿引力中同样的作用。然而，这种统一引力子不只是一个常数，它是描述量子加速度时间变化的"普通"物理量，G = ≫ f ≪ *a。它的单位是 m/s³。引力因子对所有恒加速度运动而言都成为零。这一发现极大地改变了我们对引力与反引力关系的理解。

往下，在我们计算引力因子和其他物理量的普适值之前，我们必须建构确定它们的位置的电动力学平面。

由于众所周知的历史原因，关于磁学和电学的经典物理学是相互独立出现的，并且独立于物理学的其他领域，如动力学和运动学。因此，非常可以理解的是，被引入这些物理学领域的每一个领域之中的物理量，都可以独立于其他物理量而得到定义。然而幸运的是，我们的科学前辈都是伟大的科学家，他们在直觉上意识到了自然界的统一性。此外，他们也非常聪明和明智，因为他们不仅理解自己的物理学领域，而且也理解其他领域。这样一来，电动力学物理量和单位的体系，即在十八九世纪期间发展起来的体系，是简洁而自我一致的。

我们能使用我们在动力学平面所运用的乘法规则来计算所有可能的电动力学量；也就是说，使用一般量子场的两个基本量，使用量子波矢量 k 和量子速率 c 来计算。仍然需要运用直觉、经验和运气来解决的唯一问题，乃是要发现统一家族、动力学和电动力学的平面之间恰当的数字关系。这在图 F2-14 中表示了。

R\C	−2	−1	0	1	2	3	4
−1			$\overline{\overline{B}}f$ 含时电 磁感应	fH 含时 磁场	$°E$ 电场	U 电势	$\overline{\overline{\Phi}}_E$ 电通量
0	$\overline{\overline{B}}\Delta$ 电磁感应 拉普拉斯算子	$\overline{B}k$ 磁波 矢量	$°B=°j$ 磁场 感应	H 磁场	$\overline{\overline{i}}$ 电流	Φ_H 磁通量	$°\tilde{\mu}$ 磁偶 极矩
1	ρ_q 电荷 密度	$\overline{D}$ 面电荷	kq 线电荷	$°q$ 电荷	qr 电偶 极矩		

图 F2-14　所有有用的物理量都属于统一家族的电动力学平面
（行和列的数目与图 F2-13 相同）

　　当我们比较图 F2-14 和图 F2-13 时，就会发现万有统一体的电动力学位置是由另一个物理标量即磁感应强度 B 占据的，后者等效于电流 **j** 的面密度。

　　与万有统一体一样，这个标量物理量 B=j 也是一个普适常数，它不依赖于物质状态（我们在图 F2-15 中把物质定义为依赖于物质属性的存在）。这只是一个数字因子，它可把动力学平面的对应部分转化为电动力学平面。例如，比较一个磁场 **H**（见图 F2-14）的现实位置和量子长度 **r**（见图 F2-13）的现实位置，我们可直接写出 **H = B*r**（或 **H =j*r**）。同样，量子电流 ≫ **i** ≪ 的等式是：≫ **i** ≪ = **j*** ≫ A ≪，并且面电荷（或者电感应强度）≫ **D** ≪等效于 ≫ D ≪ =**B*** ≫ t ≪（更被广泛称为麦克斯韦位移电流：**j** = ≫ f ≪ * ≫ D ≪）。作为我们对量子质量定义的结果，我们便具有了量子质量与电荷之间的新关系：q = j*m，这给我们提供了另一个发现联系这两个平面的数字因子的方法。这个因子便是关于任意涨落的量子质量的量子电荷的系数，j=q/m。如果我们估算涨落的电荷，也可立刻获知其质量。因而对量子质量的估算也决定了电荷。

　　为了完成所有物理量的统一，我们需要发现以基本数量 **k** 和 **c**（或者以它们的派生物≫ f ≪和 **r**）为依据的电荷表达式。我已经发现，电荷的平方就是动力学平面的数字。它可位于第 1 行和第 3 列的交叉处，紧邻量子质量 q^2 = m***r** = ≫ t ≪ *r^3。这个位置是某些有趣的关系的起源，例如，q^2* ≫ f ≪ = p, q^2*c =J, 或者 q^2*f^2 =F。最后一个命名的指示符是为了发现仍然是"隐藏的"量 q^2 而对其正确位置的指示。

两条带电电线所产生的力，其传统表达式是众所周知的：$F=i^2$。用我们的量子语言来说，其表达式几乎相同：F=（q* ≫ f ≪ ）^{2}。唯一的区别在于，在这里电流是二重向量≫ i ≪，而经典的电流则被定义为矢量。结果，电荷的平方成为矢量，而它的经典表达式则把它处理为标量。这个相对微小的差别阻碍了这些年来各种物理量的完全统一。

电荷是第二物理量（在普朗克常数之后），它可以精确地被测定，其数值是 q_u=e=1.602177 × 10^{19}C。因此，我们把这个量当作统一家族中第二个普适值。用一种电荷的新定义 q =（ ≫ t ≪ *r^3)$^{1/2}$，我们现在能够计算第二个基本物理量的普适值，这就是：t_u = e^2/r_u^3 = 1.965526 × 10^{-13}s, 和 c_u = r_u/t_u = 2.581281 × 10^4 m/s。这个基本量 c 的值是物理学中一个众所周知的量，当我们明白给定的物质的量子速率等效于它的量子电阻时便是如此。在冷电阻中出现的同样值 c_u，已经由克劳斯·冯·克利钦（Klaus von Klitzing）在研究霍尔效应（Hall Effect）时测量到，这使他在 1985 年获得了诺贝尔物理学奖。

热力学物理量第三个可能的平面应当只包含一个相关项，即温度。因此，我们可单独来处理温度，只把它加入到物理量的统一家族之中。由此而导致的统一家族变化在图 F2-15 的两个表格中已表示出来。

这种起决定作用的关系在图的左上角给出了每一个量。这个界定包括了直接依赖于物质因子 μ 的量。若不考虑物质因 μ 值的不同的变化，这个定义剩下的部分便可以通过基本的普适值来表达（以下标 u 来标注）。对应单位的定义在右上角给出，而普适值则在给定的物理量符号下面标出。动力学平面表示在图 F2-15 中（请注意 G 与相关的 n 位置的移动，由于图的尺寸缩小了），而电动力学平面则表示在图 F2-15 中。

a)

	$\mu_u^{-5}f_u^3r_u$ ms⁻³ $\vec{G}$ 6.681554×10²⁹	$\mu_u^{-4}f_u^2$ s⁻² $°f^2$ 2.588465×10²⁵	$\mu_u^{-3}f_u^2r_u$ ms⁻¹ $\vec{a}$ 1.313277×10¹⁷	$\mu_u^{-2}f_u^2r_u^2$ Wm⁻² $\vec{\bar{c}}^2$ 6.663010×10⁸	$\mu_u^{-1}f_u^2r_u^3$ Ns⁻¹ $\vec{fF}$ 3.380528×10⁰	f_u^2h W $°P$ 1.715136×10⁻⁸
$\mu_u^{-3}k_u^3$ m⁻³ $\vec{n}$ 7656984×10²⁴	✕	$\mu_u^{-2}t_u^{-1}=\mu_u^{-2}f_u$ s⁻¹ $\bar{\bar{f}}$ 5.087696×10¹²	$\mu_u^{-1}f_ur_u$ ms⁻¹ $\vec{c}$ 2.581281×10⁴	$f_ur_u^2=h/m_u$ m²s⁻¹ $°Ø_f$ 1.309632×10⁻⁴	$\mu_uf_ur_u^3$ N $\vec{F}$ 6.644517×10⁻¹³	$\mu_u^2f_uh$ J $\bar{\bar{\vec{W}}}$ 3.371146×10⁻²¹
$\mu_u^{-2}k_u^2$ m⁻² $\bar{\bar{\Delta}}$ 3.884828×10¹⁶	$\mu_u^{-1}r_u^{-1}=\mu_u^{-1}k_u$ m⁻¹ k 1.970997×10⁸	1 — $°1$	μ_ur_u m $\vec{r}$ 5.073575×10⁻⁹	$\mu_ur_u^2$ $\bar{\bar{A}}$ 2.574117×10⁻¹⁷	$\mu_ur_u^3$ Ns $\vec{p}$ 1.305997×10⁻²⁵	$\mu_u^4r_u^4=\mu_u^4h$ Js $°J$ 6.626076×10⁻³⁴
$k_u^2t_u=m_u/h$ m⁻²s $°σ$ 7.635732×10³	$\mu_uk_u^3m_u$ m⁻³kg $\vec{Q}_m$ 3.874046×10⁻⁵	μ^2t_u s $\bar{\bar{t}}$ 1.965526×10⁻¹³	$\mu^2k_u^3m_u$ ms $\vec{km}$ 9.972246×10⁻²²	$\mu^4t_ur_u^2=\mu^4m_u$ kg $°m$ 5.059494×10⁻³⁰		
$\mu^2k_u^2t_u^2$ m⁻²s² $\bar{\bar{\epsilon}}$ 1.500823×10⁻⁹	$\mu^3k_u^3t_u^2$ m⁻¹s² $\vec{\epsilon r}$ 7.614540×10⁻¹⁸	$\mu^4t_u^2$ s² $°Ø_\epsilon$ 3.863294×10⁻²⁶				

b)

		$\mu_u^{-2}B_uf_u$ Ts⁻¹ $\bar{\bar{Bf}}$ 1.611108×10²³	$\mu_u^{-1}f_uk_ui_u$ Tms⁻¹ $\vec{fH}$ 8.174077×10¹⁴	$f_u^2e=\tilde{\mu}_u/m_u$ Vm⁻¹ $°E$ 4.147179×10⁶	$\mu_uf_ui_ur_u$ V $\vec{U}$ 2.104103×10⁻²	$\mu_u^2j_uf_uh$ TJ $\bar{\bar{Ø}}_E$ 1.067532×10⁻¹⁰
$\mu_u^{-2}i_u/h$ Tm⁻² $\bar{\bar{B\Delta}}$ 1.230199×10²⁷	$\mu_u^{-1}k_uB_u$ Tm⁻¹ $\vec{Bk}$ 6.241507×10¹⁸	$j_u=e/m_u$ Am⁻² $°j=\vec{B}$ 3.166675×10¹⁰	$\mu_uk_ui_u$ Am⁻¹ $\vec{H}$ 1.606636×10²	$\mu_u^2f_ue$ A $\bar{i}$ 8.151391×10⁻⁷	$\mu_u^3i_ur_u$ Vs $\vec{Ø}_H$ 4.135669×10⁻¹⁵	$\mu_u^4B_uh$ Am² $°\tilde{\mu}$ 2.098263×10⁻²³
$\mu_uk_u^3e$ Cm⁻³ $\vec{Q}_q$ 1.226785×10⁶	$\mu_u^2k_u^2e$ Cm⁻² $\bar{\bar{D}}$ 6.224184×10⁻³	$\mu_u^3k_ue$ Cm⁻¹ $\vec{kq}$ 3.157886×10⁻¹¹	$\mu_u^4t_u^{1/2}r_u^{3/2}=\mu_u^4e$ C $°q$ 1.602177×10⁻¹⁹	$\mu_u^6er_u$ Cm $\vec{qr}$ 8.128767×10⁻²⁸		

图 F2-15　本表中 a 和 b 两栏提供了统一家族中全部物理量的完整定义

在图 F2-15 的两个部分中，在每个框的左上角，都以图示方式表示了统一家族的一个新属性。每一物理量的统一定义都包含着相应的物质因子 μ，它给一般量子场的平均状态取值为 1，为所有可能的无机物质取值为 1 和 0 之间，并为所有有生命物质的可能状态取值大于 1。

我们现在回头来讨论物理量的统一家族。我们已讨论了所有物理量，但是图 F2-15 包含的"只有" 44 个这样的量，加上温度也只包括 45 个。科学已经使用的其他数百个物理量在哪里呢？事实是，它们都等效于图 F2-15 中所显示的那些被选择出来的"基本"量中的某个量，例如那些等效于频率流量 Φ_f 的物理量，也包含（除循环量子和旋转量子以外）扩散系数、弹力系数和电阻率。除已经提到的电阻外，能量密度和压强也属于量子速率。统一家族确实定义了所有物理量。

作为统一家族理论完成的结果，它也产生了物理量之间全部可能的关系。我们知道它们是物理方程，并且其中有些方程比另一些重要。我们认为更为重要的方程被称为物理定律，或者被称为自然规律。但这会误导人们，因为自然界不会以任何物理方程式的形式"起作用"。我打算称之为自然规律的唯一过程，是自然界中把能量转化为空间中能量缺失状态的那一部分的过程；或者反过来说，是把一个与其环境相关而具有过剩能量的区域中的能量转化出来的过程。

在科学中，尤其是在物理学中，我们建立了大量描述方法，以表达那些似乎是独一无二的和需要特别说明的现象和过程。统一家族为 461 种关系提供了说明。我们可以直接根据图 F2-15 来阅读它们的全部。例如，我们看到，关于电导率的欧姆方程，根据具有来自动力学平面的电导性的电动力学平面，与电场 **E** 有关。通过把电场与其相应的物理量在动力学平面相比较，我们可

发现频率 Φ_f 的标量量子流量。另一方面，这个频率流量与电导率 $\Phi_f = 1/\sigma$ 互为相反数。这给出关系 $\mathbf{E} = \mathbf{j}^*\Phi_f$。这是欧姆关系的起源。这意味着我们正确地选择的"基本"位置，也是动力学平面量子电导性的位置。

概括地说，我们已经表明，一般量子场，即构成宇宙的阿卡莎维的场，与两个（任意地）选择的普适值，即普朗克常数 h 和基本电荷 e 相比，并不需要进一步参照可观察和实验上可测量的值。所有物理量的统一家族，即为了正确地定义迄今在传统物理学中所使用的基本量而建构起来的物理量，"可产生"全部描述这些量之间简单关系的物理方程。并且值得注意的是，这些方程永远表现为量子化的、相对的和不依赖于物质的形式。

此外，基于一般量子场的统一还会产生主流物理学所不知道的一些定量关系，比如量子质量和量子电荷之间的关系。

彼得·亚库波斯基简介

彼得·亚库波斯基于 1969 年在波兰卡托维兹市西莱亚西大学（Silesian University）获得物理学学位。随后，他的博士工作生涯始于 1970 年，终于 1973 年，期间他致力于研究物质的电子结构。除了理论探究之外，亚库波斯基还完成了对物质电子结构的实验研究，于 1976 年获得博士学位。1984 年，他定居在德国，并开始为物理学提出新的独立基础。这个叫作"自然学"（Naturics）的新范式包括统一物理学及其科学技术应用。

浅议 Materialism 和 Idealism 的汉译

中国社会科学院哲学所研究员　闵家胤

　　在哲学的全部术语中，除"哲学"本身之外，"唯物主义"和"唯心主义"无疑是最重要的两个术语。最近因为研究和写作的需要，笔者重新审视了这两个术语，发现它们的汉译很可能是有问题的，似乎有必要提出来重新思考。

　　当然，中国哲学界采用"唯物主义"和"唯心主义"这两个称谓已经100多年了，早就用俗了、用惯了，大家似乎都不觉得这种用法有什么问题。可是，静观西文原文，"唯物主义"英文为"materialism"，法文为"materialisme"，德文为"materialismus"，西班牙文为"materialismo"，其余都大同小异。在这些构成相同的西文词汇中，都只有"material"（物质）和"-sm"（主义）两个语素，全然没有"only"（唯）这个语素冠于词前。同样，"唯心主义"英文为"idealism"，法文为"idealisme"，德文为"idealismus"，西班牙文为

"idealismo"，其余也都大同小异。在这些构成相同的西文词汇中，也都是只有 "idea"（理念）和 "-sm"（主义）两个语素，而没有 "only"（唯）这个语素冠于词前。再反观中文冠于词前的这两个 "唯" 字，顿觉突兀，分明是在汉译过程中译者加上去的。这一加，当然就增加了诸西文原文本词没有的意思。仔细想一想，这是不是误译，或至少是不准确的翻译呢？

再进一步考虑，"material" 一词一直被汉译 "物质"，这没有问题。由柏拉图最早提出来的 "idea"，曾经有过 "观念"、"思想"、"理念"、"概念" 等不同的译法，现在终于趋于同译成 "理念" 了。这样一来，在汉语哲学术语系统中，由于 "material" 译为 "物质"，相应地，"materialism" 就应当译为 "物质主义"；同理，由于 "idea" 译为 "理念"，相应地，"idealism" 就应当译为 "理念主义"。这种新的译法既合乎逻辑，又理顺了哲学术语系统，还符合西文原词的构成，更重要的是消除了汉译增加的两个 "唯" 字及其语义。

大家都知道，日中两国的文字是相通的，日文大量采用汉字。日本是太平洋当中的岛国，是汉字文化圈的外围，其门户开放早，先于中国引进西方学术。中国是大陆国家，是汉字文化圈的核心，其门户开放晚，后于日本接触西方学术。是故最早赴日本留学的中国学人，就地取材，便大量直接采用日本学界对西方学术用语的汉字译法。就我所知，中国哲学界采用的 "唯物主义" 和 "唯心主义" 正是直接引进了日文译法，而这种日文译法我猜是套用中国六朝和唐代学者翻译佛经梵文的语素 "摩怛剌多" 用的那个 "唯" 字，如 "唯心" "唯识" "唯识论" "唯识宗"①。可是，我猜得对吗？日本人这么套合适吗？

---

① 参看《辞源》（合订本），第 286 页，中华书局，北京，1988 年。

浅议Materialism 和Idealism 的汉译

带着这两个问题，我查阅了德国的汉学 - 日本学家李博（Wolfgang Lippert）的专著《汉语中的马克思主义术语的起源与作用》[①]。据该书记载：

"'Materialismus'（=Materialism）在现代日语里的对等词是 'yuibutsu-ron 唯物论'，它是由 Nishi 同时代的一个人创造的；1882 年的时候，日语词汇中就已经有这个词了，这一点可以由 *Ei-Wa jii II*（《英和字彙》）证明。这个词由两个语素构成，'yui' 就是 '只有'，'butsu' 符合中文语素 '物'，最后又从汉语借用了构词成分 -ron（论），加在名词后面，用来表示哲学和思想学说以及理论。"

"我们可以推测，'yuibutsu-ron' 是按照其反义词 yuishin-ron 唯心论（idealismus）被创造出来的。yuishin-ron 这个词也是在明治维新时期产生的，它源自于唐朝初年中国的佛教翻译经书。'Yuishin'（汉语即 '唯心'）由 'yui''仅仅' 和 'shin''精神' 两部分构成，它指的是佛教当中把精神看作是唯一现实的一种思维方法。由于中国人认为，日本的新词 'yuibutsu-ron' 恰好可以表达 'Materiualismus' 这个概念，所以就在 1900 年前后将它借用过来，从此就有了汉语的 '唯物论'。"

"但是，在 20 世纪当中，'唯物论' 这个旧词渐渐被 '唯物主义' 取代，因为，人们认为用 '- 主义' 来译 '-ismus' 似乎更加贴切。"

这几段引文果然印证了我的猜测的正确性：

（1）"唯物论"（= 唯物主义）果然不是根据对应西文直译出来的，而是由与西周（Nishi）同时代的一个日本人根据自己的理解意译出来的。

（2）他在意译这个词的时候比照 "唯心论" 把这个词造成 "唯心论" 的

---

① 李博：《汉语中的马克思主义术语的起源与作用》，第 240-242 页，中国社会科学出版社，北京，2003 年。

反义词，而"唯心论"则是中国唐朝人翻译佛经时的用词。

（3）日文"yuibutsu-ron"（唯物论）这个词实际是"三节棍"："yui"源自梵文，"butsu"源自日文，"ron"源自汉文。

（4）上世纪初的中国学人没有对照西文进行独立思考和独立翻译，而是按照"拿来主义"，从日文拿过来就用。

待这两个日译术语进入中国思想界之后，更有甚者，导出了"哲学史上的两军对垒"，进而用"唯物主义"和"唯心主义"为学者划线；凡被戴上"唯物主义"桂冠的中外哲学家都是进步的和伟大的，凡被扣上"唯心主义"帽子的哲学家都是反动的和渺小的。这样一来，古今中外哲学史上发挥过重要作用的早有定评的伟大哲学家，大部分都成了"反动的和渺小的"；许多没有多大影响的二三流哲学家都上升成"进步的和伟大的"，而持二元论的哲学家则经常被嘲笑为"摇摆不定"。最后，"唯心主义"还成了帽子、棍子和刀子，不仅用来打击哲学家，还用来打击自然科学家——这当然阻碍了哲学创新和科学创新，以及国外科学创新成果的引进和应用。

既然这样，我们当然要继续追问：日本人用印度佛学解读西方哲学的做法恰当吗？采用日译的汉译加上两个"唯"字得出的"唯物主义"和"唯心主义"，比西文原来没有"Only-"（唯）这个语素的"Materialism"和"Idealism"，更准确和更全面地概括了西方哲学史上的诸多派别吗？更进一步，我们是不是应当建议西方哲学界在西文原词前面都加上"Only-"这个语素呢？——但我担心人家会反骂一句："岂有此理！"笔者才疏学浅，不懂梵文、不懂日文、不通佛学，既不是哲学史专家，又不是译名术语专家，所以回答不了这些更细更深的问题，在此仅以这篇短短的"浅议"就教于大方之家。

不过我要声明，在没有上述几方面的专家站出来撰文驳斥和说服我之前，

浅议Materialism 和Idealism 的汉译

从今以后，本人在行文中开始慎用"唯物主义"和"唯心主义"两个术语，尝试使用"物质主义"（Materialism）和"理念主义"（Idealism）这两个贴近英文直译的新译名。

我开始尝试这样做的原因，除了想忠实于原文和想与国际接轨之外，其实还有一些民族主义的情绪，因为早在 1935 年就有一位中国学者余又荪"在对日本人创造的科学术语所作的一个非常严谨客观的研究中说：'我国接受西洋学术，比日本为早。但清末民初我国学术界所用的学术名词，大部分是抄袭日本人所创用的译名。这是一件极可耻的事。'"①

"知耻近乎勇"，是以撰写此文。之所以冠以"浅议"，是因为这个问题大了去了，深究起来，中国出版的哲学史都要重写过。

---

① 转引自李博：《汉语中的马克思主义术语的起源与作用》，第 73 页，中国社会科学出版社，北京，2003 年。余又荪的原文见《日译学术名词沿革》，第一部分，第 13 页，《文化教育旬刊》，1935 年 69 号。

译者后记

　　承蒙闵家胤先生的推荐，使我有机会首先拜读世界系统哲学家拉兹洛博士的新著《自我实现的宇宙》，并承担该书的翻译工作。我既有先睹为快之感，也感到十分荣幸，尤其对拉兹洛博士十分推崇当代著名哲学家怀特海的过程哲学，并引证怀特海的摄入理论等来支持其理论主张这一点，感到十分欣赏。因为译者本人近十多年来一直对怀特海过程哲学情有独钟，不仅翻译了怀特海的代表作《过程与实在》（第一版由中国城市出版社于 2003 年出版，修订版由中国人民大学出版社 2013 年出版），而且还撰写了有关怀特海过程哲学的一系列论文，如《怀特海过程哲学述评》（载《国外社会科学》）、《过程哲学要义》（载《光明日报》）、《怀特海过程哲学的哲学观》和《怀特海过程哲学的方法论》（均载《求是学刊》）与《怀特海过程哲学方法论探析》（载《光明日报》）等。2014 年我所申报的《怀特海过程哲学研究》项目还获得了国家社会科学基金后期资助项目的资助。更为重要的是，拉兹洛所研究的系统哲学以及他在本书中提出的阿卡莎科学范式和自我创造的宇宙理念，与怀特海的宇宙论思想是完全一致的。《过程与实在》的副标题就是"宇宙论研究",他在其中明确提出了多元宇宙论的科学猜想。因此,我在看到拉兹洛明确地以"多元宇宙的自我创造"为主题来讨论当代宇宙学问题时,虽然手头有许多紧迫的翻译和写作任务,仍然欣然接受了这一"加塞"的翻译任务。

在此,还有几个与本书翻译工作有关的要点需要稍作说明:

第一,在翻译过程中,对天体物理学中一些术语的翻译,我特别请教了中国科学院物理研究所的张晓强博士。在此,我对他的帮助表示衷心的感谢。因本人学哲学出身,欠缺自然科学知识,尽管经多方查证和请教,书中有关数学、天体物理学和宇宙学等方面的术语和概念仍难免有一些不妥和错讹之处。特别是有个别概念,是外国学者创造的新术语,国内科学界也还没有定译,对此类概念的中文翻译更没有把握。这些均敬请方家批评指正。

第二,在一些疑难句子的处理上,我曾多次请教担任大学英语老师的贤内助鲁勤女士,对她的耐心帮助,在此也表示衷心谢意。想要做成一点事,有个贤内助是必不可少的。

第三,女儿杨蓓在中国传媒大学工作兢兢业业、非常快乐、健康向上,又用业余时间在中国人民大学继续深造。这令我非常愉快,减轻了许多后顾之忧,而能在顺利完成本职教学工作和行政工作之余,专心从事自己所喜欢的写作和翻译工作,这实在是人生一大乐事。

第四,特别感谢我所在的工作单位北京第二外国语学院的领导,尤其是历任主管科研的校领导和科研处领导。这些年来他们明确地坚持教学与科研相结合的主张,以科研促教学,使学校的科研氛围越来越浓,教师尤其是中青年教师的科研积极性越来越高,并且学校对科研的投入越来越大,对申报各级科研课题的帮助和支持越来越细化和具体,这使得我们这些做教师的能把越来越多的精力用于科研，包括翻译一些外国名著，同时也能得到越来越多的经费支持和其他方面的帮助。在此，我要特别感谢学校科研处江新兴处长、马腾飞老师和法政学院科研秘书陈伟功博士。他们不仅在我申报科研项目方面，而且在组织学术会议、外出进行课题调研、科研课题结项和财务报销等方面，给予我很大的帮助。"一个好汉三个帮"，想要做成任何一件事，如果没有良好的氛围和众人的帮助，包括大的社会环境和所在单位的小环境，那是不可能的。

宇宙的相干性是生命和意识等出现、演化的前提条件，而社会环境和人际关系的相干性和内在和谐，乃是每个人生存和发展的基本条件。大到整个宇宙，小到每个事物和每个人，道理莫不如此。这也是翻译此书的过程中给予译者的一点儿生存智慧感悟吧。

杨富斌

于望京花园寓所

湛庐，与思想有关……

如何阅读商业图书

商业图书与其他类型的图书，由于阅读目的和方式的不同，因此有其特定的阅读原则和阅读方法，先从一本书开始尝试，再熟练应用。

阅读原则1 二八原则

对商业图书来说，80%的精华价值可能仅占20%的页码。要根据自己的阅读能力，进行阅读时间的分配。

阅读原则2 集中优势精力原则

在一个特定的时间段内，集中突破20%的精华内容。也可以在一个时间段内，集中攻克一个主题的阅读。

阅读原则3 递进原则

高效率的阅读并不一定要按照页码顺序展开，可以挑选自己感兴趣的部分阅读，再从兴趣点扩展到其他部分。阅读商业图书切忌贪多，从一个小主题开始，先培养自己的阅读能力，了解文字风格、观点阐述以及案例描述的方法，目的在于对方法的掌握，这才是最重要的。

阅读原则4 好为人师原则

在朋友圈中主导、控制话题，引导话题向自己设计的方向去发展，可以让读书收获更加扎实、实用、有效。

阅读方法与阅读习惯的养成

（1）回想。阅读商业图书常常不会一口气读完，第二次拿起书时，至少用15分钟回想上次阅读的内容，不要翻看，实在想不起来再翻看。严格训练自己，一定要回想，坚持50次，会逐渐养成习惯。

（2）做笔记。不要试图让笔记具有很强的逻辑性和系统性，不需要有深刻的见解和思想，只要是文字，就是对大脑的锻炼。在空白处多写多画，随笔、符号、涂色、书签、便签、折页，甚至拆书都可以。

（3）读后感和PPT。坚持写读后感可以大幅度提高阅读能力，做PPT可以提高逻辑分析能力。从写读后感开始，写上5篇以后，再尝试做PPT。连续做上5个PPT，再重复写三次读后感。如此坚持，阅读能力将会大幅度提高。

（4）思想的超越。要养成上述阅读习惯，通常需要6个月的严格训练，至少完成4本书的阅读。你会慢慢发现，自己的思想开始跳脱出来，开始有了超越作者的感觉。比拟作者、超越作者、试图凌驾于作者之上思考问题，是阅读能力提高的必然结果。

好的方法其实很简单，难就难在执行。需要毅力、执著、长期的坚持，从而养成习惯。用心学习，就会得到心的改变、思想的改变。阅读，与思想有关。

[特别感谢：营销及销售行为专家 孙路弘 智慧支持！]

ᵧ 我们出版的所有图书，封底和前勒口都有"湛庐文化"的标志

并归于两个品牌

ᵧ 找"小红帽"

为了便于读者在浩如烟海的书架陈列中清楚地找到湛庐，我们在每本图书的封面左上角，以及书脊上部 47mm 处，以红色作为标记——称之为**"小红帽"**。同时，封面左上角标记**"湛庐文化 Slogan"**，书脊上标记**"湛庐文化 Logo"**，且下方标注图书所属品牌。

湛庐文化主力打造两个品牌：**财富汇**，致力于为商界人士提供国内外优秀的经济管理类图书；**心视界**，旨在通过心理学大师、心灵导师的专业指导为读者提供改善生活和心境的通路。

ᵧ 阅读的最大成本

读者在选购图书的时候，往往把成本支出的焦点放在书价上，其实不然。

时间才是读者付出的最大阅读成本。

阅读的时间成本=选择花费的时间+阅读花费的时间+误读浪费的时间

湛庐希望成为一个"与思想有关"的组织，成为中国与世界思想交汇的聚集地。通过我们的工作和努力，潜移默化地改变中国人、商业组织的思维方式，与世界先进的理念接轨，帮助国内的企业和经理人，融入世界，这是我们的使命和价值。

我们知道，这项工作就像跑马拉松，是极其漫长和艰苦的。但是我们有决心和毅力去不断推动，在朝着我们目标前进的道路上，所有人都是同行者和推动者。希望更多的专家、学者、读者一起来加入我们的队伍，在当下改变未来。

湛庐文化获奖书目

《大数据时代》
国家图书馆"第九届文津奖"十本获奖图书之一
CCTV"2013中国好书"25本获奖图书之一
《光明日报》2013年度《光明书榜》入选图书
《第一财经日报》2013年第一财经金融价值榜"推荐财经图书奖"
2013年度和讯华文财经图书大奖
2013亚马逊年度图书排行榜经济管理类图书榜首
《中国企业家》年度好书经管类TOP10
《创业家》"5年来最值得创业者读的10本书"
《商学院》"2013经理人阅读趣味年报·科技和社会发展趋势类最受关注图书"
《中国新闻出版报》2013年度好书20本之一
2013百道网·中国好书榜·财经类TOP100榜首
2013蓝狮子·腾讯文学十大最佳商业图书和最受欢迎的数字阅读出版物
2013京东经管图书年度畅销榜上榜图书，综合排名第一，经济类榜榜首

《爱哭鬼小隼》
国家图书馆"第九届文津奖"十本获奖图书之一
《新京报》"2013年度童书"
《中国教育报》"2013年度教师推荐的10大童书"
新阅读研究所"2013年度最佳童书"

《牛奶可乐经济学》
国家图书馆"第四届文津奖"十本获奖图书之一
搜狐、《第一财经日报》2008年十本最佳商业图书

《影响力》（经典版）
《商学院》"2013经理人阅读趣味年报·心理学和行为科学类最受关注图书"
2013亚马逊年度图书分类榜心理励志图书第八名
《财富》鼎力推荐的75本商业必读书之一

《影响力》（教材版）
《创业家》"5年来最值得创业者读的10本书"

《大而不倒》
《金融时报》·高盛2010年度最佳商业图书入选作品
美国《外交政策》杂志评选的全球思想家正在阅读的20本书之一
蓝狮子·新浪2010年度十大最佳商业图书，《智囊悦读》2010年度十大最具价值经管图书

《第一大亨》
普利策传记奖，美国国家图书奖
2013中国好书榜·财经类TOP100

《卡普新生儿安抚法》（最快乐的宝宝1·0~1岁）
2013新浪"养育有道"年度论坛养育类图书推荐奖

《正能量》
《新智囊》2012年经管类十大图书，京东2012好书榜年度新书

《认知盈余》
《商学院》"2013经理人阅读趣味年报·科技和社会发展趋势类最受关注图书"
2011年度和讯华文财经图书大奖

《神话的力量》
《心理月刊》2011年度最佳图书奖

《真实的幸福》
《职场》2010年度最具阅读价值的10本职场书籍

延伸阅读

《星际穿越》

◎ 一部媲美《时间简史》的巨著,同名电影幕后唯一科学顾问、天体物理学巨擎基普·索恩巨献。

◎ 国家天文台苟利军、王岚、李然、尔欣中、王乔、李楠、王杰、谢利智 8 位天体物理学科学家重磅担纲翻译,文字优美,将这本极富科学内涵的图书演绎得极为通俗易懂和精彩。

◎ 好莱坞顶级导演克里斯托弗·诺兰、北京天文馆馆长朱进专文作序,欧阳自远等 3 大院士,李淼、魏坤琳等 5 大顶尖科学家,《三体》作者刘慈欣联袂推荐。

《神话的力量》

◎ 当代神话学大师约瑟夫·坎贝尔毕生精髓之作。

◎《神话的力量》在诸神与英雄的世界中发现自我,可以改变你很多关于人生的看法,甚至会影响你的一生。

《意识光谱》

◎ 美国最著名的心理学家、哲学家之一,超个人心理学大师肯·威尔伯闭关 3 个月完成的经典之作。

◎ 继阿罗频多《神圣人性论》、海德格尔《存在与时间》、怀海德《过程与实在》之后,20 世纪最伟大的第四本哲学著作,当代整合心理学与灵修的重要参考。

《系统之美》

◎ 本书作者德内拉·梅多斯,是世界上最伟大的系统思考大师之一,师从系统动力学创始人杰伊·福瑞斯特,是知名的"世界模型Ⅲ"主创人员,也是"学习型组织之父"、《第五项修炼》作者彼得·圣吉的老师。

◎ 书中详细陈述了系统的 3 大特征、8 大陷阱与对策、12 大变革方式以及 15 大生存法则,是一部深入浅出地启迪人们系统思考的经典之作。

图书在版编目（CIP）数据

自我实现的宇宙：科学与人类意识的阿卡莎革命 /（匈）拉兹洛著；杨富斌译.—杭州：浙江人民出版社，2015.8
  ISBN 978-7-213-06784-6

Ⅰ.①自… Ⅱ.①拉… ②杨… Ⅲ.①宇宙 Ⅳ.①P159-49

中国版本图书馆 CIP 数据核字（2015）第 156955 号

上架指导：科学哲学 / 宇宙观

浙江省版权局
著作权合同登记章
图字:11-2015-44 号

自我实现的宇宙：科学与人类意识的阿卡莎革命

作　　者：［匈］欧文·拉兹洛　著
译　　者：杨富斌　译
出版发行：浙江人民出版社（杭州体育场路347号　邮编　310006）
　　　　　市场部电话：（0571）85061682　85176516
集团网址：浙江出版联合集团　http://www.zjcb.com
责任编辑：金　纪　郦鸣枫
责任校对：张彦能
印　　刷：北京鹏润伟业印刷有限公司
开　　本：720 mm × 965 mm 1/16　　　印　　张：14.75
字　　数：14.3 万　　　　　　　　　　　插　　页：3
版　　次：2015 年 8 月第 1 版　　　　　印　　次：2015 年 8 月第 1 次印刷
书　　号：ISBN 978-7-213-06784-6
定　　价：54.90 元